U0150559

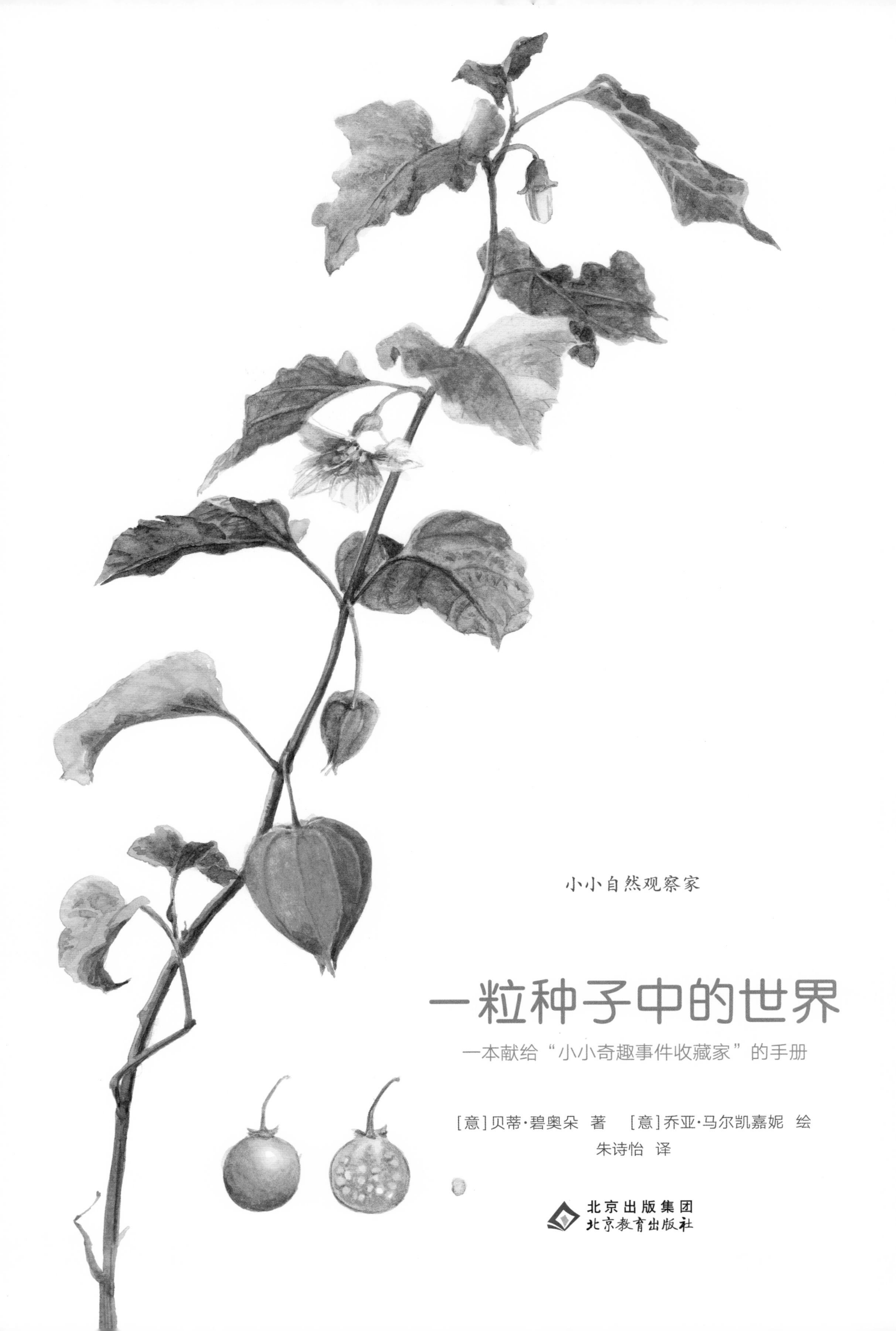

小小自然观察家

一粒种子中的世界

一本献给“小小奇趣事件收藏家”的手册

[意]贝蒂·碧奥朵 著 [意]乔亚·马尔凯嘉妮 绘

朱诗怡 译

北京出版集团

北京教育出版社

推荐序

这是一本能够颠覆孩子对植物种子认知与想象的书籍。作者贝蒂·碧奥朵是一名农学家和生物多样性专家，她不仅对植物十分了解，还善于运用充满意趣和生动的文笔，讲述关于种子的奇妙故事。通过作者的讲述，一粒普普通通的种子，就像被赋予了精气神一样，充满生机地来到孩子的身边。

本书里有这样一句话：“我们的文明很大程度依赖于种子。”是的，种子非常重要，人类文明离不开种子。那么，种子究竟拥有怎样的魔力呢？只要细心观察，你就会发现生活的各个方面都离不开植物的种子：水稻、小麦、玉米、大麦、小米的种子是我们的粮食；菜籽、花生、大豆、油桐籽等种子可以成为油料；胡椒、花椒、茴香的种子可以成为香料……

关于种子，还有这样一个小故事。人的头盖骨结合得非常紧密而坚固，科学家用尽了一切办法也没能使其完整分开。后来，有人把植物的种子放在了需要解剖的头盖骨里，并给予适当的温度和湿度使种子萌发，种子发芽的力量成功把人的头盖骨完整地分割开了，由此植物种子萌发的力量也被誉为“世界上最大的力量”。

你看，种子的“硬实力”真是有目共睹。其实，要真正了解种子的伟大，那还要看它们的“软实力”。

如果你观察过足够多的种子，你会发现它们“知科学”“懂建筑”“通音律”“晓艺术”，可以说几乎无所不能：艺术家达·芬奇在槭树的双翅果身上找到了设计“直升机”的最初灵感；工程师乔治·德·梅斯特拉尔依照牛蒡种子的倒钩结构发明了魔术贴；法国著名建筑师保罗·安德鲁在猴面包树的种子里找到了设计北京国家大剧院的灵感；起源于拉丁美洲的乐器沙锤，由干燥的小葫芦制成，通过摇动，让里面的种子撞击葫芦壁，就能演奏出迷人的乐章……

难怪爱因斯坦说：“你能想到的一切，大自然都已经发明了。”

如果你观察过足够多的种子，你还会发现它们有着令人钦佩的想象力和执行力。为了适应环境和生存下去，种子变幻着各种形态，用各种方式行走得更远：蒲公英的种子像一顶降落伞，利用风力飞行；酢浆草的种子在成熟之后，一遇到外力就会立刻喷发出去；芹叶牻牛儿苗的种子长着一根坚硬的细丝，随着空气和地面湿度的变化旋转着钻进土里，到达适合它萌发的土壤深处；椰子的果实拥有独特的结构，让它能漂在水面上去旅行……

这就是一粒种子的世界，种子浓缩着所属植物的历史，也影响着人类的历史和命运。

接下来，让孩子和种子交朋友，和种子一起做游戏吧。从这本书中，孩子们将学会如何用植物的种子做游戏，学会采集和收藏不同的植物的种子，学会为一块土地播撒种子，调动自己的各种想象力和行动力，把所学习的知识实践起来。这才是真正和大自然交流的方式，对大自然的热爱和保护生物多样性的意识是需要启蒙的。

如果你不知道如何激发孩子对大自然的兴趣，这便是一次很好的机会。读完这本书，你就可以和孩子随时随地开始一堂生动有趣的自然教育课了。当孩子亲手将一粒种子捧在手心的时候，他便开始观察自然并将学会敬畏自然，珍惜自然，从关怀大自然里获得温暖而真诚的力量。

如今，“种子”这个词已不仅仅代表植物了，它代表着成长、意味着希望。人们在植物新生的力量里获得了前进的能量，希望这本书能够在孩子心中，甚至是每一位读到这本书的人心中都埋下一粒种子。

一方见地 璐璟

生物多样性的完美范例

这是一本关于种子的书，更是一本关于生物多样性，或是使我们地球变得独一无二的各种生命故事的书。

一块花田是你了解生物多样性含义的开始，也是探索种子世界之旅的起点。

你在左页的小花田上看到了多少种不同的植物？试着数一数。图中每一株植物都来自一粒不同的种子。看见昆虫了吗？你也可以想象一下，在泥土里会不会躲藏着蚯蚓和其他微小的生命体呢？

现在，把地球想成一片广阔的土地：拥有许多种类的植物、动物（当然也包括我们人类），还有我们肉眼无法观察到的各种微生物。生命所处的环境也是多样化的：森林、草原、沙漠、湖海……我也仅仅列举了几例。这无与伦比又不可或缺的多样性，确保了地球生命的存活、平衡和质量。

其实，生物的多样性也确保变化和灾难来临时（比如流行病、气候变化、自然灾害），总会有适应新环境的个体、物种得以存活。

这个过程被称为自然选择。

提出进化论的生物学家、人类学家、博物学家查尔斯·达尔文曾写道：“能够生存下来的物种，并不是那些最强壮的，也不是那些最聪明的，而是那些能对变化做出快速反应的。”

我们今天看到的自然，是持续了数亿年并仍在继续进化的结果。在这期间，植物不断地调整着生存策略。它们有时适应了环境，有时却被淘汰了。它们有些已经在地球上生存了几百万年，而另一些在迅速出现后又立即消失了。没有人能确切地说出现存植物的种类和数量，因为新的植物仍在不断地被发现。

种子是生物多样性的完美范例。它们有数不尽的形态和适应环境的方式。每一粒种子长出的植物都是独一无二且无法复制的。认识它们，有助于我们了解：在各类生命形式的参与下，自然是如何运作的。每粒种子都承载着它所属植物的历史。通常，这些历史集中体现在不同时期的学者观察、收集、描写、绘制、编写的“植物志”中。

在本书中，你将找到全球统一表示的动植物拉丁学名，也将看到它们的常用名称。你看到的黑白绘图是通过扫描电子显微镜放大后的呈现。扫描电子显微镜是研究种子的必备仪器。在图片旁，你可以看到种子的真实测量数据，不过都是近似值，因为测量结果是非常多变的。

奇妙的花粉之旅

种子是植物进化出的最复杂、最重要的结构，因为关系到繁衍。种子是花朵授粉后的结果。花粉传播的媒介可以是风、水，也可以是鸟类、哺乳动物，还可以是蜜蜂等昆虫。

在自然界中，一切都是相互联系、平衡协作的，所有物种都能从共存中获益。花和昆虫就是一个很好的例子：花朵通过颜色、形状、香味诱使昆虫为其传粉，并为它们提供花粉和花蜜作为回报。以昆虫为媒介进行传粉的方式被称为**虫媒**。

花的形状决定了传粉媒介的特征：管状、狭窄的花朵无法容纳体积较大的昆虫，相反，“盛开”的花朵，比如雏菊、黑嚏根草（*Helleborus niger*），可以供大型昆虫停留。有些花（比如“月见草”），当“听到”传粉昆虫翅膀的振动声或发出的嗡嗡声时，便会产生花蜜。

这种相互交换的行为和关系通常被称为互惠共生。在某些方面，这很像我们人类之间的友谊。

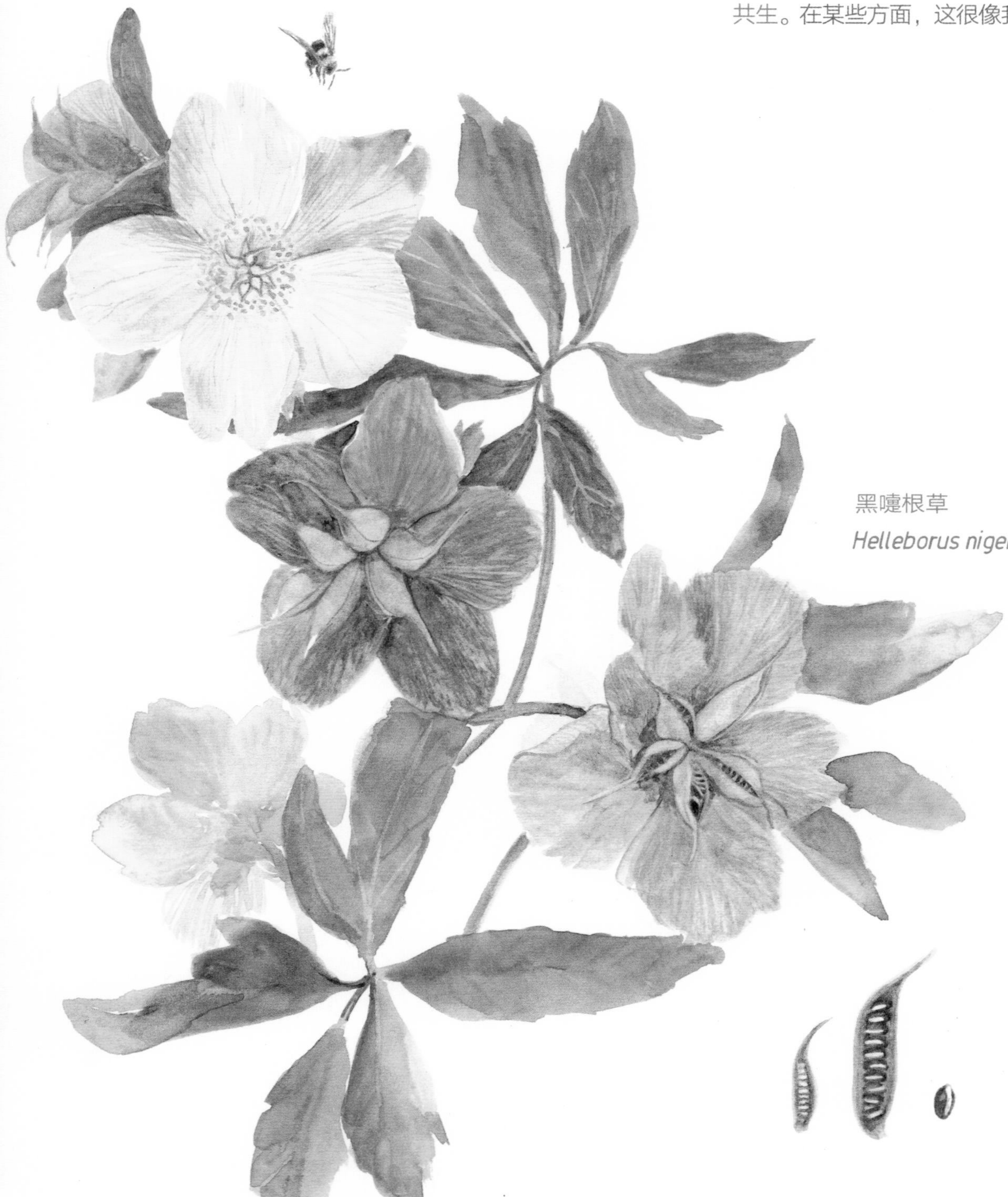

黑嚏根草
Helleborus niger

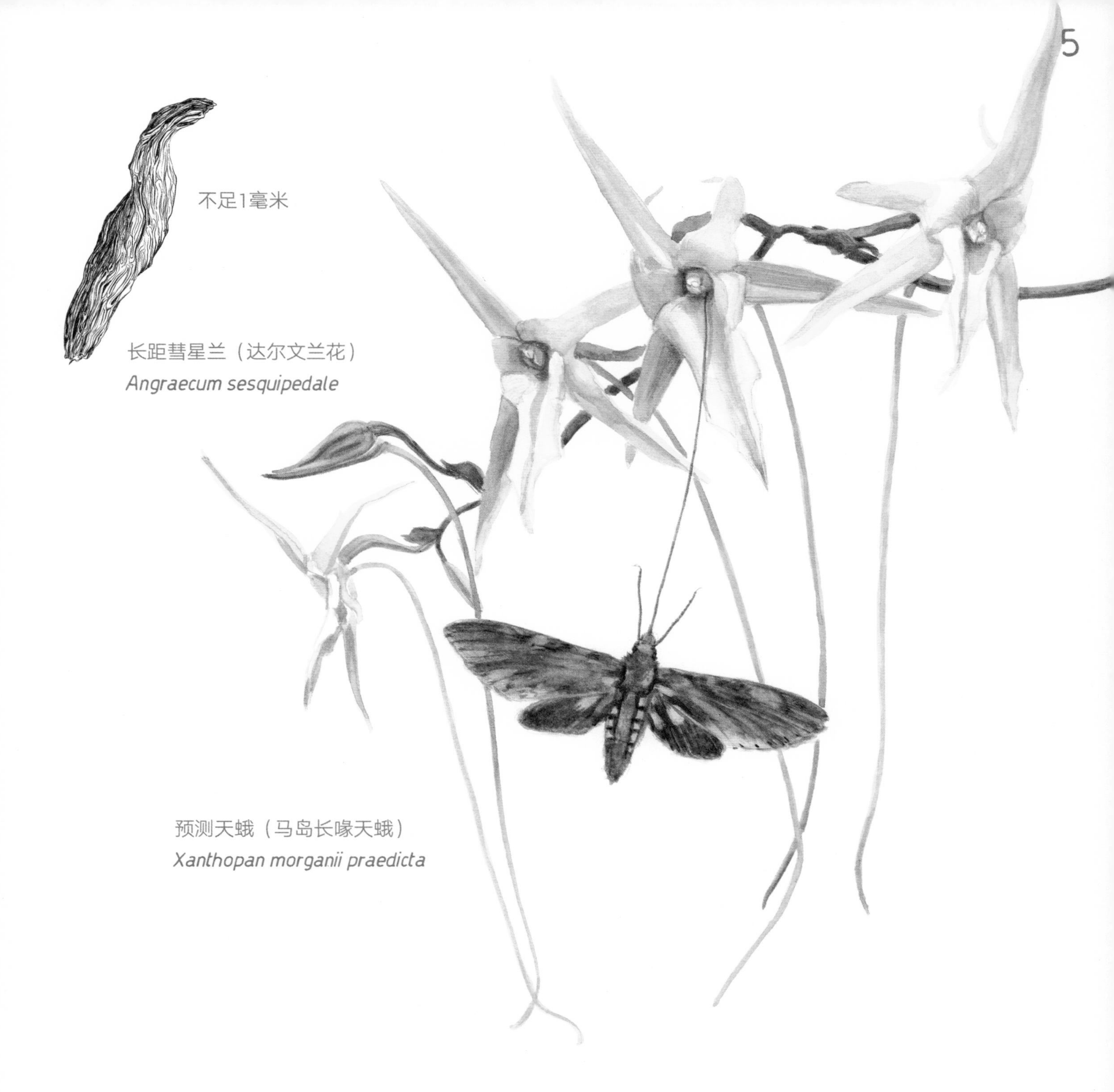

长距彗星兰（达尔文兰花）
Angraecum sesquipedale

预测天蛾（马岛长喙天蛾）
Xanthopan morganii praedicta

1862年，查尔斯·达尔文收到了一份礼物：长距彗星兰（*Angraecum sesquipedale*）样本。他被这种兰花奇特的花距所震撼。这是一根长约30厘米的细管，从花萼一直向下延伸，花距底部是生产和储存花蜜的地方。在长时间的研究后，达尔文发现了一种非常巧妙的传粉策略。

通过对长距彗星兰的观察，他推测，（在有这种植物生长的地方）肯定存在一种有着细长口器或长鼻的昆虫传粉者，后者可以从蜜腺底部收集和吸取花蜜。

不幸的是，达尔文未能证实自己的假设就与世长辞了。在他逝世50年后，两位昆虫学家发现了这个特殊的传粉者：马岛长喙天蛾（*Xanthopan morganii praedicta*），一类拥有极长口器的飞蛾。它的口器能同长距彗星兰的花距一样长。拉丁语“预测”一词出现在该飞蛾的学名中，就是为了表达对达尔文预测的认可。

这个故事表明：在进化过程中，长距彗星兰和它的传粉者是同步发展的。随着时间的推移，它们相互合作，互利共赢。这种紧密的联系我们称为“协同进化”，也就是一起进化的意思。

旅人蕉
Ravenala madagascariensis

黑白领狐猴
Varecia variegata

除了昆虫会提供传粉服务外，许多动物也参与其中，包括鸟类、蝙蝠、蜥蜴和其他一些哺乳动物，它们将花粉从一株植物转移到另一株同类植物上。这被称为**动物传粉**。

黑白领狐猴（*Varecia variegata*）是旅人蕉（*Ravenala madagascariensis*）的传粉动物之一。旅人蕉的花朵外部有非常坚硬的叶状结构保护，只有黑白领狐猴这样的动物才能够打开。令人惊讶的是，它生产的花蜜足够满足此类大型动物的需求。

或许，在自然界中，美丽的物种总能吸引同等美丽的物种。如此说来，不论是旅人蕉还是它身着黑白色皮毛的传粉者都是无比优雅的。

在毛里求斯群岛上，有一种名为守宫花（*Roussea simplex*）的攀缘植物。可惜的是，现存数量极少。除了有美丽的花朵外，守宫花更特别之处在于花粉和种子传播都依赖于同一种动物——蓝尾日行守宫（*Phelsuma cepediana*）。完全依赖一种动物的帮助进行生殖繁衍，往往会使植物变得脆弱。因为如果这种动物灭绝了，植物的生存也将变得危险。

许多南非植物，例如匍枝帝王花（*Protea humiflora*）能通过不同种类的小老鼠完成授粉。它们娇艳的花朵会散发出霉味，可以有效地吸引老鼠的注意。作为奖励，匍枝帝王花会慷慨地向老鼠们提供大量储藏在花朵里的浓稠花蜜。这些花蜜也同样被长着细长喙的鸟儿们享用。

许多针垫花属（*Leucospermum*）等同样来自南非的植物是通过鸟类传粉的。鸟儿在传粉的过程中会汲取大量的花蜜。它们的种子会被蚂蚁搬运到四处，但只有在大火过后，土壤重新富含养分时，这些种子才能够长出嫩芽。

由鸟完成的传粉方式被称为鸟媒。

蜂鸟是杰出的鸟媒代表，也是世界上最小的鸟，体重在2~20克之间，但它拍打翅膀的速度极快。为了获得快速移动所需的能量，它每天必须找到至少60朵盛满花蜜的花朵。多亏了细长的喙，让它能够估算每朵花的花蜜质量，根据需求有选择地进行采集。更特别的是，蜂鸟可以朝任何方向移动（甚至是往后或半空悬停）。蜂鸟尤其偏爱带有花冠的花，红色、橙色、粉红色的花冠最能引起它的注意。

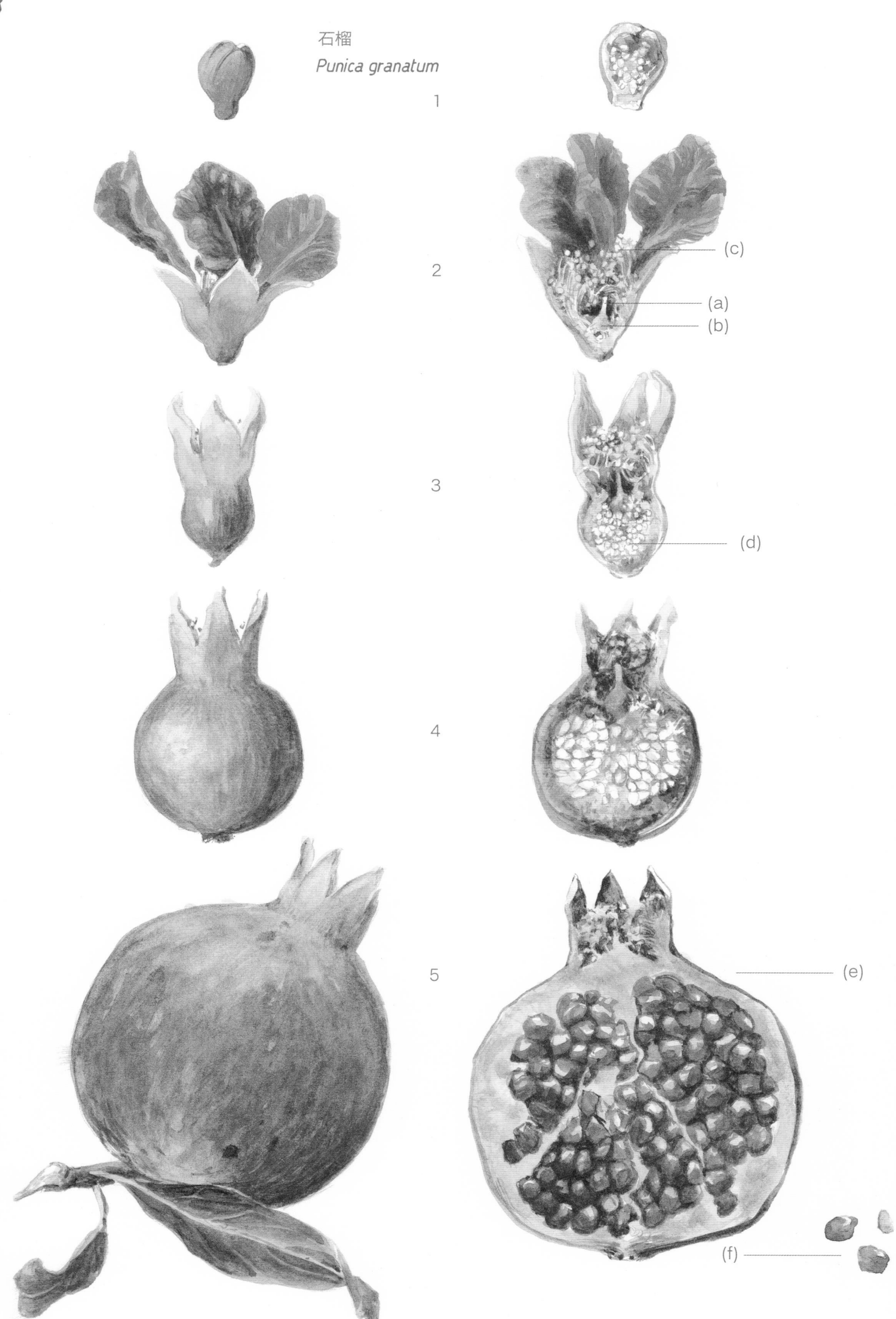
石榴
Punica granatum
1
2
(c)
(a)
(b)
3
(d)
4
5
(e)
(f)

授粉不仅是大自然中引人入胜的现象，也是确保所有地球生态系统及其居民（包括人类）的生存和多样性的基本活动。

在侧面，你可以观察到石榴（*Punica granatum*）花授粉和受精的过程：

1.花蕾中包含花的所有部分，但尚未成熟。

2.盛开的花朵吸引蜜蜂停留在子房（b）最外面的部分，也就是柱头（a）上，在其表面释放从另一朵石榴花上收集到的花粉。与此同时，这朵花的花粉附着在蜜蜂身体上，之后将被传播给其他花朵。

3.花粉粒（c）通过花粉管到达胚珠（d）处。花粉管中有两个精子，其中的一个精子与卵细胞相结合，形成受精卵，另一个精子和2个极核融合，形成受精极核。

4.受精后，胚珠发育成种子，子房变大，生成果实（e）。

5.成熟的石榴果实最多可包含500粒种子，种子周围由红色果肉包被，这些果肉被称为假种皮（f）。果实成熟后，会自动裂开，受鸟类欢迎的假种皮就裸露出来。

与许多植物相同，石榴受精所需的花粉也是来自另一株同类植物（异株授粉）。由于果实含有数量众多的种子，所以石榴也被当作富裕的象征。石榴起源于中亚地区，后来由迦太基人（亦称布匿人）传至地中海沿岸。植物学家林奈将其命名为*Punica*（布匿的）。而*Granatum*的意思是“带有种子的”。

种子家园

果实是种子的家园，它们保护种子并帮助其传播。

通常，当我们谈论起果实，想到的往往都是那些常见的，例如：苹果、橙子、桃子、樱桃……但还有许多其他类型的果实，通过不同的方式进行种子传播。一些种子依靠风力和水力传播，一些则通过动物携带，还有些喜欢独自完成传播过程。最简单的是从母株上掉落，或者是果实爆裂后把里边的种子弹射到远处。有时候，种子和果实非常紧密，以至于很难将两者分开。所以，此类植物的种子和果实通常是一起传播的。橡实（也叫橡子）就是很好的例子。

在进化过程中，植物会设计出各种策略来适应不同的环境，建立种子保护机制来确保自身的繁衍，比如“耐脱水”等自我保护能力。

一些种子能够在维持自身重量的情况下长期贮藏，因为从母株脱落前，它已完成脱水过程并基本停止内部的代谢活动。此类种子被称为正常性种子。

另外一些没有耐脱水性且仍旧保持活跃新陈代谢的种子，通常无法长期保存，因为它一旦成熟，在环境条件允许的情况下，就会迅速发芽。但如果此类种子脱水，暴露在太阳和风中，就会马上死亡。这类种子被称作顽拗性种子，它们几乎又大又重且富含水分。热带、亚热带地区顽拗性种子的代表植物有杧果、鳄梨、可可、茶树、咖啡树。栗树、红槲栎，还有欧洲七叶树的种子是亚热带地中海型气候中普遍存在的顽拗性种子。

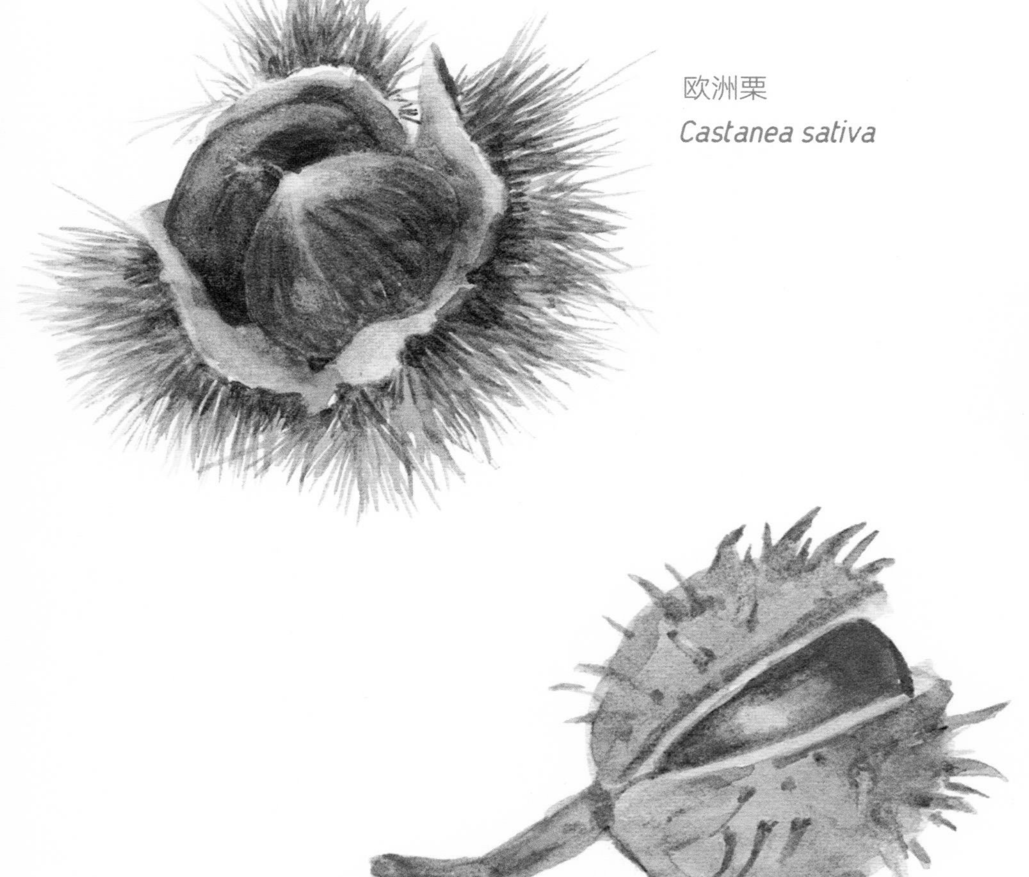

欧洲栗
Castanea sativa

红槲栎
Quercus rubra

欧洲七叶树
Aesculus hippocastanum

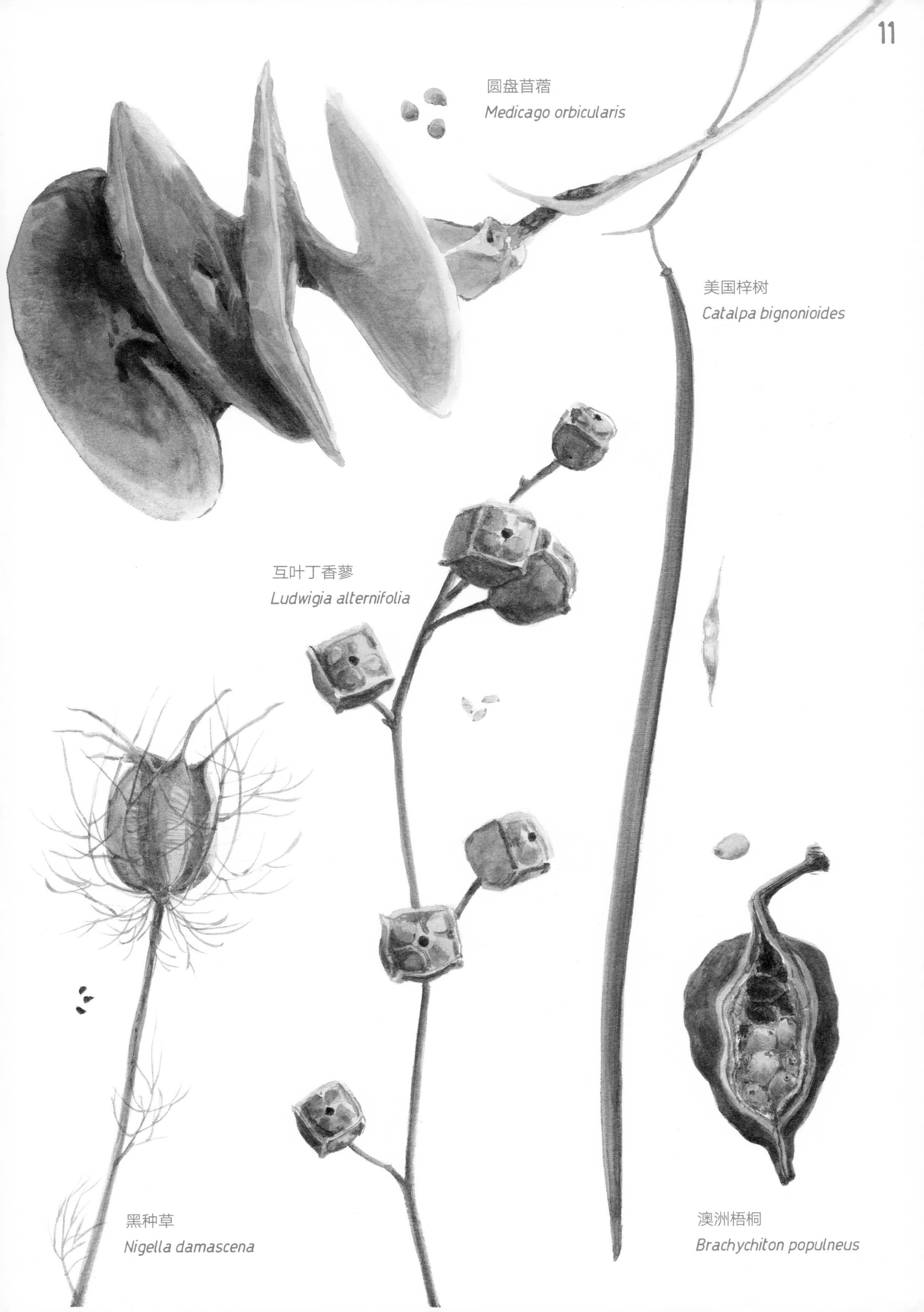
圆盘苜蓿
Medicago orbicularis
美国梓树
Catalpa bignonioides
互叶丁香蓼
Ludwigia alternifolia
黑种草
Nigella damascena
澳洲梧桐
Brachychiton populneus

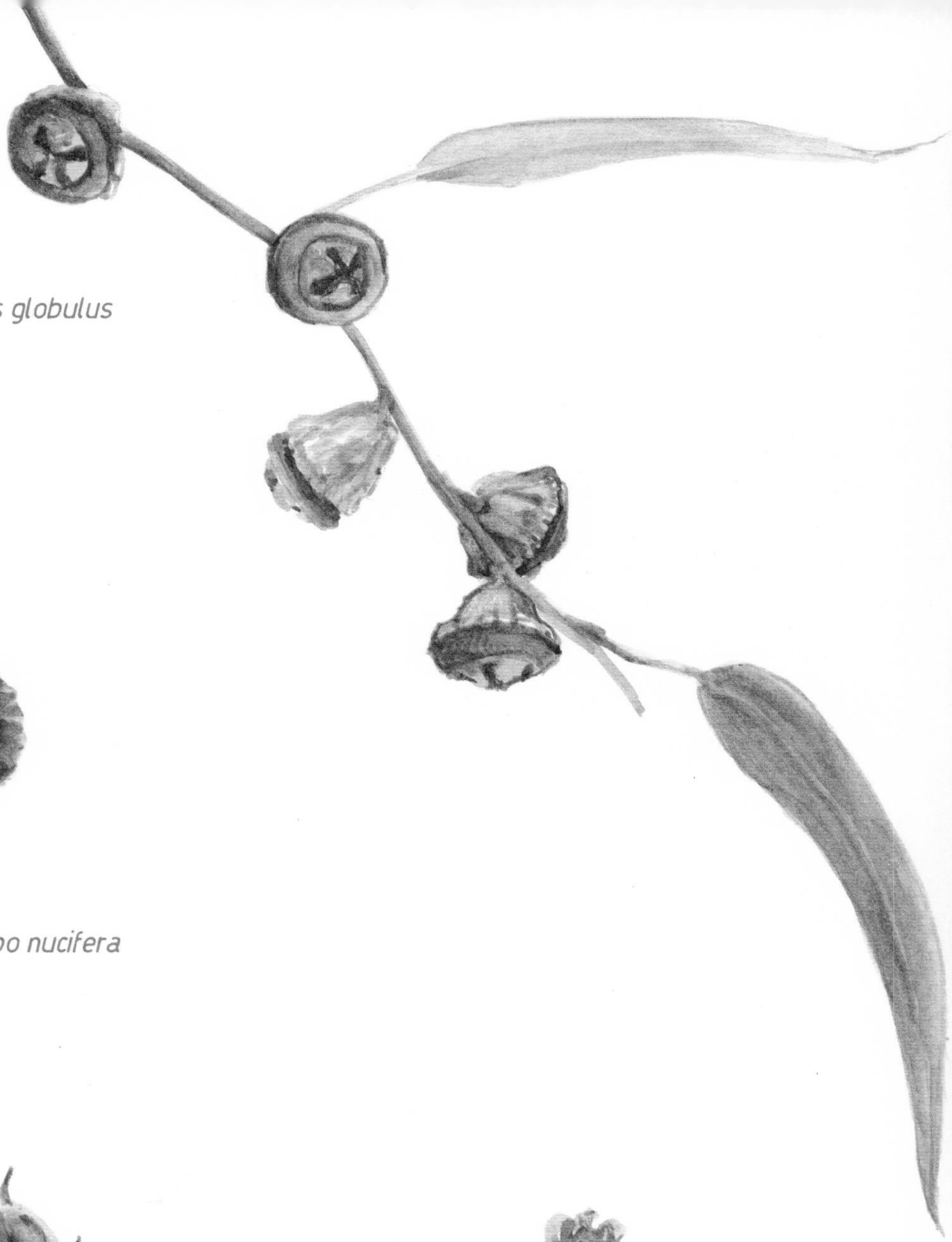

蓝桉
Eucalyptus globulus

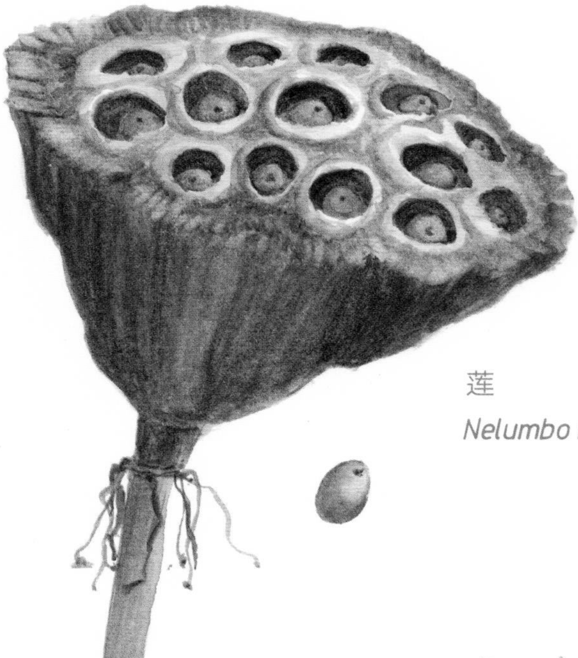

莲
Nelumbo nucifera

叙利亚马利筋
Asclepias syriaca

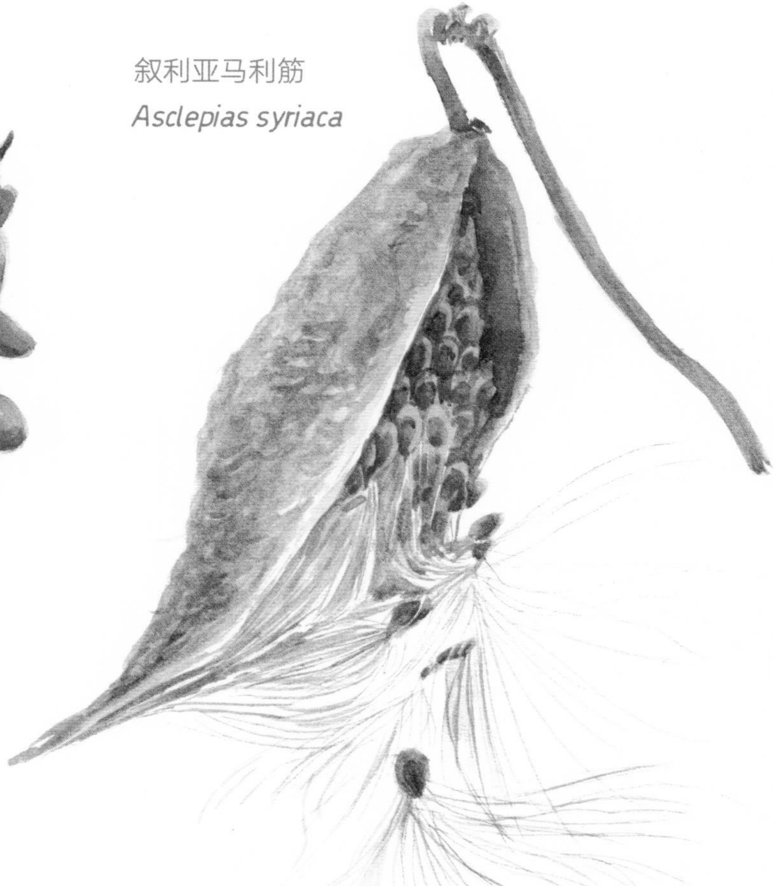

荷花玉兰
Magnolia grandiflora

虞美人

Papaver rhoeas

孟席斯佛塔树

Banksia menziesii

印度马兜铃

Aristolochia indica

垂枝红千层

Callistemon viminalis

磨盘草

Abutilon indicum

香荚兰
Vanilla planifolia

可可
Theobroma cacao

种子之旅

种子在植物的进化过程中发挥了重要作用。在它们的帮助下，植物演化出了各种机制来适应环境。凭借着自身的勇气、冒险精神以及顽强的适应能力，一些种子在最荒凉的环境中扎了根，另一些则在距离出生地甚远的地方安了家。这就解释了为什么我们能在相距很远的地区发现同一种植物。种子就如同一个小型宇宙飞船，在动物、风力、水力以及我们人类的帮助下，进行着属于自己的旅行。当然，还有一些种子喜欢依靠自身的力量（自体传播），它们只需从母株上掉落，或者通过果实的炸裂而远远弹射出去（弹射传播）。在适宜的时间与地点，每粒种子都将长成与母株相似的新植物，只是在基因排序上存在一定的差异。

其实，我们人类的生活与植物紧密相连。植物为我们提供呼吸所需要的氧气，我们也从植物中获取各类食物和药材。自古以来，种子都是人类主要的营养来源，世界上近一半的人口都以稻米为主食。除此之外，你肯定还能想到许多植物：小麦、玉米、大麦、黑麦、小米等谷物；蚕豆、豌豆、扁豆等豆类；胡椒、肉豆蔻、孜然、茴香、芥末、香草等烹饪必不可少的香料；花生、松子、核桃、杏仁等坚果；可可、咖啡等饮品，甚至是由大麦、小麦和大米酿成的啤酒……

人们还能从种子中提炼出各类植物油，比如常见的花生油、玉米油、葵花籽油，化妆品中使用的杏仁油以及油漆、染料中的亚麻油。

从陆地棉（*Gossypium hirsutum*）的果实中，人们可以获得棉花。这是极为重要的纺织原材料。

棉籽周围的绒毛被称为棉绒。在风和水的作用下，棉籽向四处传播，正是棉绒赋予了它防水性和漂浮性。

正如你所知，我们的文明在很大程度上依赖于种子。

陆地棉

Gossypium hirsutum

风力传播

种子借助风进行传播的方式被称为风力传播。这些随风飘散的种子通常小且轻，如墙草、兰花和金鱼草的种子。有时，一些种子表面的茸毛也有助于它们的“空中之旅”，例如柳树、杨树和夹竹桃的种子。还有些种子，比如蒲公英的种子，它们为自己配备了一种被称为冠毛的“降落伞”。这些冠毛带着种子在空中飞行，并缓缓地滑落到地面。

让我们观察一下槭树、榆树、桦木、椴树的种子：它们长着一对和鸟类相似的翅膀，所以被称为“翅果”。根据翅膀的不同形状（见右页图示），种子呈现出不同的飞行方式：或旋转飞行，或缓慢滑翔。

一些热带植物有着非常大的种子以及同样大的翅膀。当它们四处飘散时，就好像是大型昆虫或是鸟类在空中飞行。生长在热带的翅葫芦（*Alsomitra macrocarpa*）就是很好的例子。

在观察槭树种子的下落后，列奥纳多·达·芬奇绘制出了我们现在称之为“直升机”的最早草图。如今，这类设计方式被称为仿生学，这是一门通过效仿自然机制，来解决人类在生产、学习和生活中遇到的各类问题的学问。在达·芬奇的时代，虽然还没有“仿生学”这一概念，但是他通过自己的方式进行了实践。

诺贝尔物理学奖得主阿尔伯特·爱因斯坦曾写道：“你能想象的一切，大自然都已经发明了。”

夹竹桃
Nerium oleander

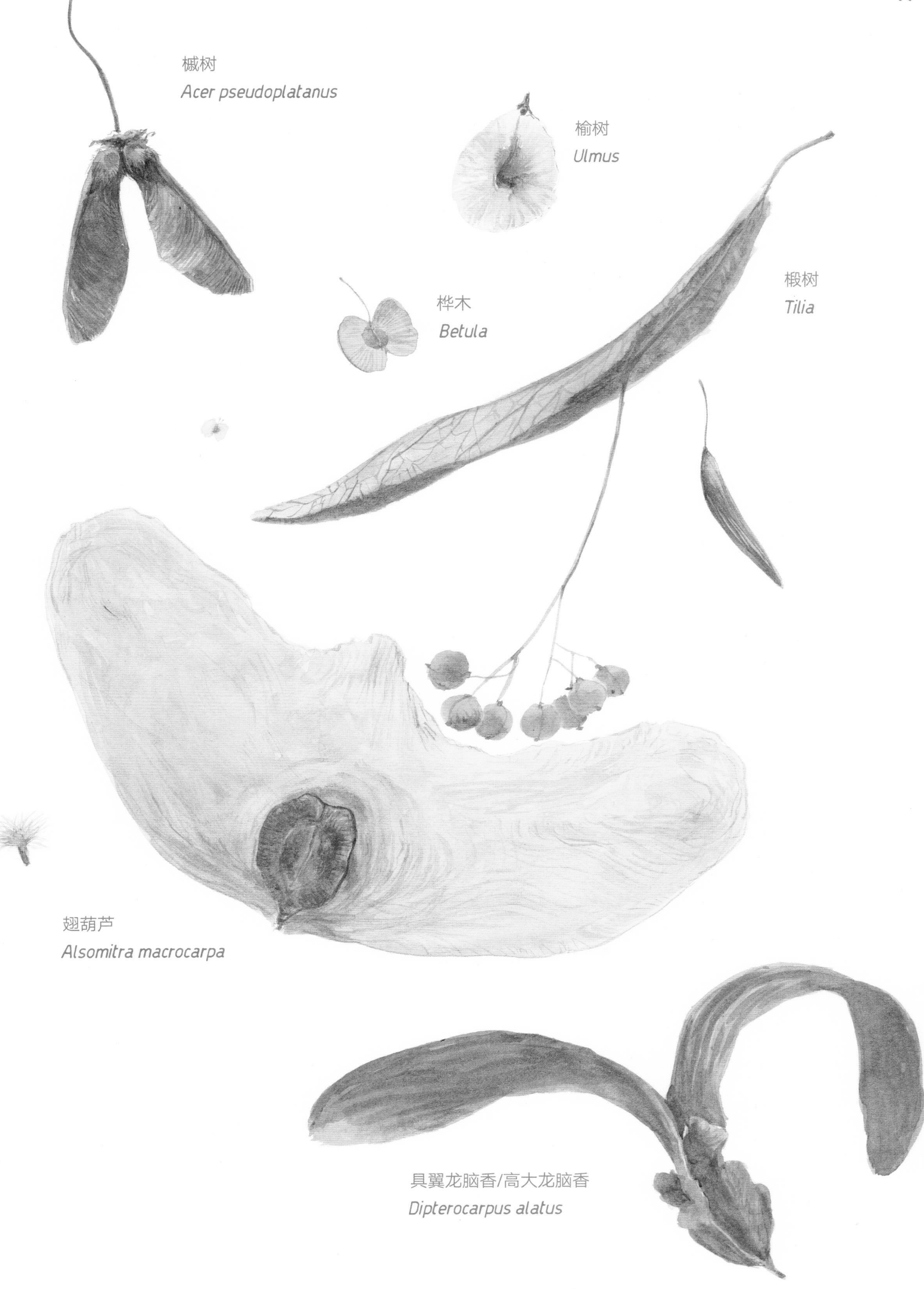
槭树
Acer pseudoplatanus
榆树
Ulmus
椴树
Tilia
桦木
Betula
翅葫芦
Alsomitra macrocarpa
具翼龙脑香/高大龙脑香
Dipterocarpus alatus

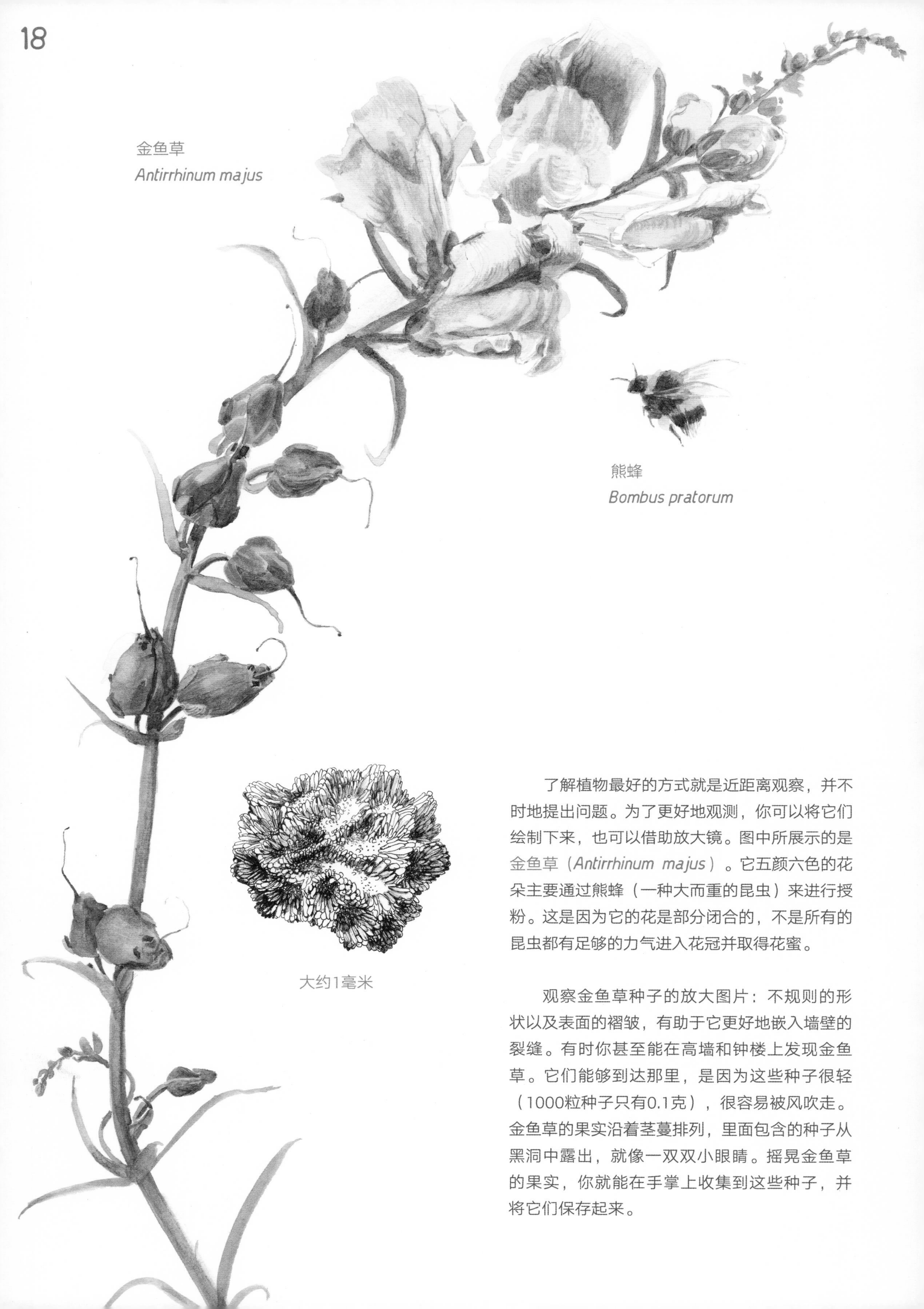

了解植物最好的方式就是近距离观察，并不时地提出问题。为了更好地观测，你可以将它们绘制下来，也可以借助放大镜。图中所展示的是金鱼草（*Antirrhinum majus*）。它五颜六色的花朵主要通过熊蜂（一种大而重的昆虫）来进行授粉。这是因为它的花是部分闭合的，不是所有的昆虫都有足够的力气进入花冠并取得花蜜。

观察金鱼草种子的放大图片：不规则的形状以及表面的褶皱，有助于它更好地嵌入墙壁的裂缝。有时你甚至能在高墙和钟楼上发现金鱼草。它们能够到达那里，是因为这些种子很轻（1000粒种子只有0.1克），很容易被风吹走。金鱼草的果实沿着茎蔓排列，里面包含的种子从黑洞中露出，就像一双双小眼睛。摇晃金鱼草的果实，你就能在手掌上收集到这些种子，并将它们保存起来。

菊苣
Cichorium intybus

菊苣（*Cichorium intybus*）随处可见，因其具有清热解毒的功效，人类一直将它应用于食疗和传统医学中。

菊苣能在最恶劣的环境中生长，比如，未开垦的荒地、废弃的工厂、道路隔离带、被人类遗弃的庄园。这些都是维护生物多样性的基础。实际上，在田野里，在道路边，你都能发现生物的多样性。

菊苣在夏天开花，在风力的帮助下进行种子的传播。试着去寻找它，去欣赏它那紫色、蓝色或是青蓝色的花瓣。你可以用水彩画的方式将它们重现。当秋季即将结束时，植物也将要枯萎。这时，你可以轻易收集到菊苣的种子，并将它们保存起来。

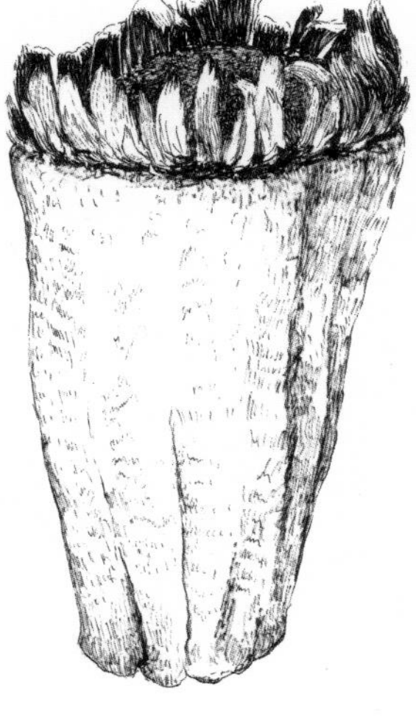

2~3毫米

药用蒲公英（*Taraxacum officinale*）以“飞行的种子”而闻名。这些种子像一把把小伞，只要轻轻一吹，就会随风飘散。它是头状花序。花序上的小花受精后会赋予果序生命。蒲公英的微小干果被称为瘦果。每枚瘦果中都包含一粒种子。每粒种子上都长着一簇白色茸毛，也就是我们常说的冠毛。

药用蒲公英
Taraxacum officinale

大约4毫米

在罗马帝国时期，有一位希腊医生将这种植物称为“海豚”。因为它特殊的形状以及细长的花距，与海洋中的哺乳动物海豚极为相似。

堇雀草（*Delphinium peregrinum*）内的花蜜只能由口器较长的传粉昆虫获取，比如许多蝴蝶的虹吸式口器。堇雀草的花非常漂亮，但最好不要碰触，因为它全株都具有毒性。

堇雀草种子表面覆盖着小小的鳞片，这些层层叠叠的鳞片能帮助种子飞行。仔细观察鳞片的排列方式，脑海中很容易浮现一些现代建筑的影子。一些建筑师喜欢着眼于大自然，从大自然的千姿百态中获取设计的灵感。

大约2毫米

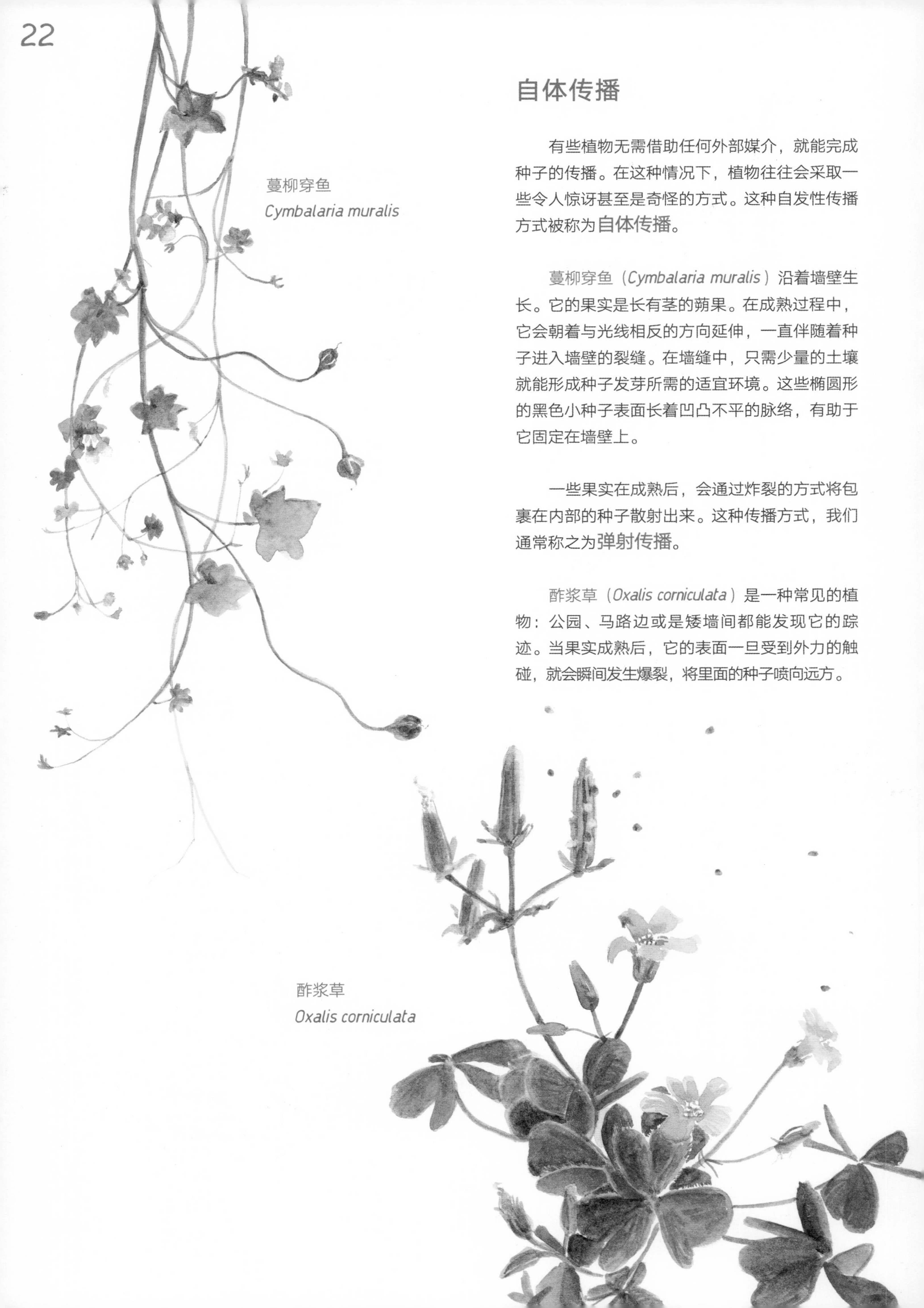

自体传播

有些植物无需借助任何外部媒介，就能完成种子的传播。在这种情况下，植物往往会采取一些令人惊讶甚至是奇怪的方式。这种自发性传播方式被称为**自体传播**。

蔓柳穿鱼（*Cymbalaria muralis*）沿着墙壁生长。它的果实是长有茎的蒴果。在成熟过程中，它会朝着与光线相反的方向延伸，一直伴随着种子进入墙壁的裂缝。在墙缝中，只需少量的土壤就能形成种子发芽所需的适宜环境。这些椭圆形的黑色小种子表面长着凹凸不平的脉络，有助于它固定在墙壁上。

一些果实在成熟后，会通过炸裂的方式将包裹在内部的种子散射出来。这种传播方式，我们通常称之为**弹射传播**。

酢浆草（*Oxalis corniculata*）是一种常见的植物：公园、马路边或是矮墙间都能发现它的踪迹。当果实成熟后，它的表面一旦受到外力的触碰，就会瞬间发生爆裂，将里面的种子喷向远方。

紫藤（*Wisteria sinensis*）的干果（果皮成熟后变为干燥状态）只需从光照中摄取一定的能量，就能瞬间打破果荚之间的连接。伴随着一声嘎嘣响，种子就飞射出来。

喷瓜（*Ecballium elaterium*）也以其独特的传播方式而闻名。它的果实汁液苦涩且有毒。果实在成熟后，会从支撑它的花梗上脱落，爆炸并散落出内部的种子和果肉。它经常沿着乡间小路生长，广泛分布在田野间。

植物总是想方设法、竭尽所能地向更远处传播自己的种子，占据“新的领地”，从而避免过度的竞争，保障自己拥有最好的生存能力。

成熟的芹叶牻牛儿苗（*Erodium cicutarium*）的果实只需要轻轻一触，就会发生爆裂。带有挂钩的种子会被喷射到几米开外。这些散落在各处的种子，有时也会附着在路过动物的皮毛上，重新开始一段漫长的旅行。

芹叶牻牛儿苗的种子有自动往泥土里“钻”的本事。种子上长着一根坚硬的细丝，会随着空气和地面湿度的变化旋转扭紧或松开，从而产生一种类似螺旋式的运动，使其穿透地面。通过这种方式，种子会到达适合发芽的土壤深处。

芹叶牻牛儿苗的这一结构在太空探索领域给予科学家们很大的启发。他们以此发明了一种小型太空探测器，能以最小的能量消耗在太空中进行移动和探索。这是仿生学应用的又一个实例。

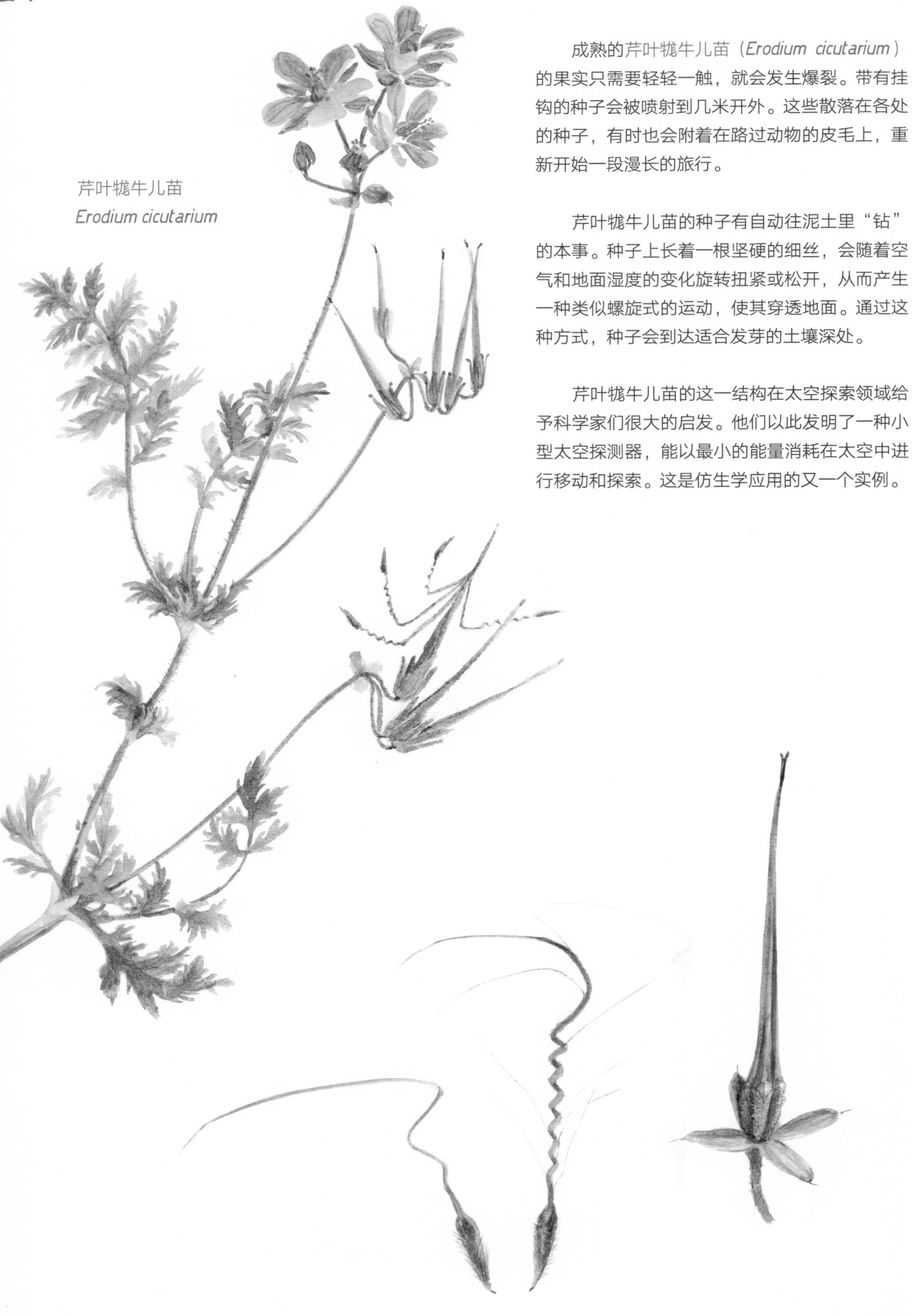

芹叶牻牛儿苗
Erodium cicutarium

白玉草（*Silene vulgaris*）是一种极为常见的植物。它能在荒地上自发生长。白玉草的拉丁学名源于古希腊神话人物西勒努斯，因为其花萼的形状与西勒努斯肿胀的肚子极为相似。

白玉草囊状的花萼使得一些昆虫难以进入。出于这个原因，一些大黄蜂会选择刺穿花的底部来提取花蜜。它的花朵在晚上依旧盛开，通过一些夜间活动的蝴蝶进行传粉。其种子的传播是通过地球的重力作用进行的，被称为**重力传播**。

西伯利亚的冻土层中保存了一种蝇子草属（*Silene stenophylla*）植物的种子，它是北极地区典型的草本植物。2007年，科学家在数千年前曾有松鼠生活过的洞穴中发现了这些种子。根据放射性碳定年法（又称“碳十四断代法”），这些种子已经有30000多年的历史。研究人员通过创新的科学育种方式，成功使这些尘封已久的种子再次复苏：它们长出了健康的幼苗，开花又结出了新种子，从而得以继续繁衍。

小小实验室

阅读这本书时，你的脑海中或许已经萌生了把所学到的知识运用到实践中的念头。其实，实践的方式有很多。你可以成为一名“种子收藏爱好者”，或是通过做一些实验来直接观察植物和种子的某些特征。你可以在植被稀少的地方播种生命，做出自己的一份贡献，或者只是简单地把它当成玩具，甚至以种子为题材进行歌曲创作。在这里，你将获得一些建议。它们能带给你灵感，帮助你想象出更多与植物学相关的实践活动。

黏土丸子

黏土丸子是由日本植物学家、哲学家福冈正信发明的。它们被应用于荒漠的绿化。
将种子放入紧密的黏土球中，播撒至未经开垦的荒地上，种子便会自然发芽。

所需材料：

- 不同品种的种子（苜蓿、燕麦、鹰爪豆、豌豆、三叶草、枫树）
- 混有黏土的泥土
- 水
- 一个用来存放黏土丸子的无盖容器

步骤：

- 将材料放在阳台或者花园的桌子上。
- 在种子和黏土的混合过程中，一点点将其湿润。用手搓成多个小球后，放在阳光下晒干。
- 把干燥后的小球播撒在灌木丛、草坪、公园、空地或者废弃区域。
- 种子在远离蚂蚁和鸟类的黏土球中休眠，它会选择在一个适当的时间自然发芽，也许是在一场大雨过后。
- 你无法控制种子的发芽时间，大自然会帮助它们做出选择。
- 对生物多样性而言，这个方法是一个微小而又有价值的贡献。

一切都是最好的选择

松果的植物学名称是“球果”。尽管不是真正意义上的果实，但也可以被看作是种子的家。通过观察其复杂的结构，这个“房子”有助于我们了解种子众多传播方式中的一种。下面的实验可以帮助你理解：

将一个打开的松果浸入一碗水中。

几小时后，松果就会自动闭合。在自然环境中，一场小雨或是一些霜露就足以激发这个过程。

为何会发生此类现象？

在潮湿的环境下，掉落松果的鳞片被水浸湿后体积增大，由于其构造产生的机械作用使得鳞片闭合。这个行为可以确保在达到最佳发芽条件前，种子一直处于被保护状态。此外，火在种子传播中也起着重要作用，但前提是没有造成毁灭性的伤害。因为，它可以打开某些松树的球果和一些植物的果实，如孟席斯佛塔树和垂枝红千层。你还记得这两种植物吗？赶紧去“种子家园”章节中找到它们吧。

井字游戏（种子版）

准备一些可食用种子，比如核桃、榛子、花生、栗子、松子等。

在纸或沙子上绘制出一个九宫格。邀请一位朋友同你一起玩井字游戏。游戏开始前，玩家需要选出代表自己的种子。

游戏规则是：两名玩家轮流选择一个格子放置种子，直至同一品种的种子形成一条直线。最先完成的人，就可以获得比赛过程中使用的全部种子。

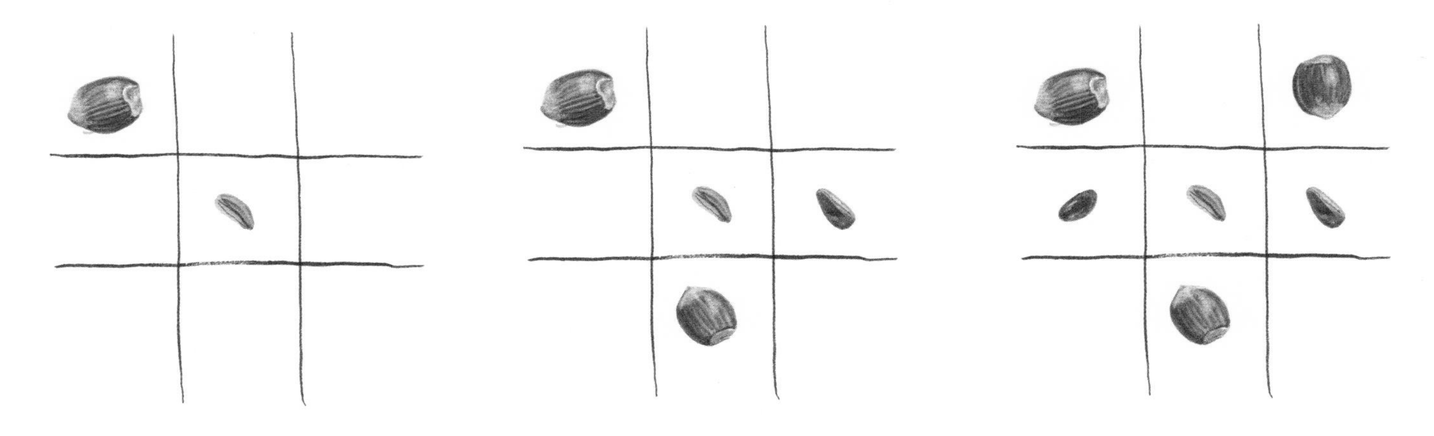

种子收集袋

收集和编制目录是一种极好的科学研究方法。

如果你想要成为一名种子收藏家，那么就需要一个小袋子来保存它们。如何制作收集袋呢？如图所示，准备一张可以剪裁、折叠、粘合的卡纸。在标签的位置写上与种子有关的信息：植物名称、收集的地点和时间、收集者名字的缩写以及一张植物的小图片。

种子是人类历史的一部分。当种植者们相互进行种子交换时，他们互换的就不仅仅是种子，更有想法、建议、历史以及各种故事。这是政治活动家、环境保护主义者范达娜·席娃带给我们的启示。她一直致力于推动尊重和保护生物多样性的进程，尤其是在种子领域。

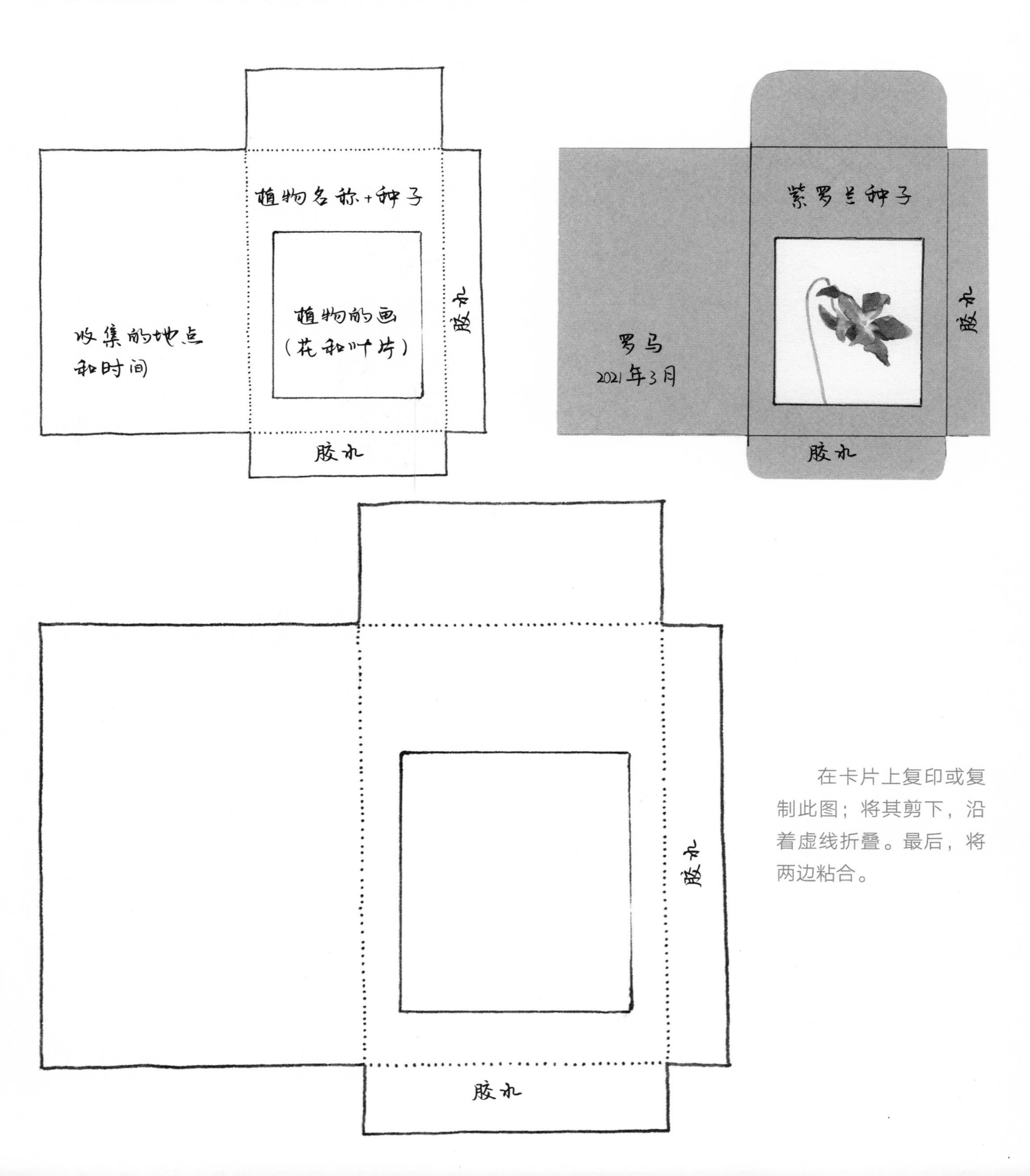

在卡片上复印或复制此图；将其剪下，沿着虚线折叠。最后，将两边粘合。

种子的声音

如果摇动弯曲的葫芦、蝇子草属植物的干燥果实，就能听到或强或弱的声音，这是里面的种子发出来的。你知道沙锤吗？它起源于拉丁美洲，由空心的小葫芦制成，是世界闻名的乐器。在萨满教的传统中，沙锤也是冬至举行仪式时用来演奏的神圣乐器。对他们来说，沙锤里面的沙子或者鹅卵石有着神奇的寓意。

尝试自己制作一个类似的乐器。在市场里买一个小葫芦，用绳子把它们悬挂于干燥通风的地方。这一过程较为漫长，至少得一个月，葫芦才能变干。当然，你也可以用塑料瓶或者纸板箱来制作沙锤，往里面放入不同的种子，从而产生各不相同的声音。小米会发出悦耳的沙沙声，豌豆和四季豆种子发出的声音类似于雨声。

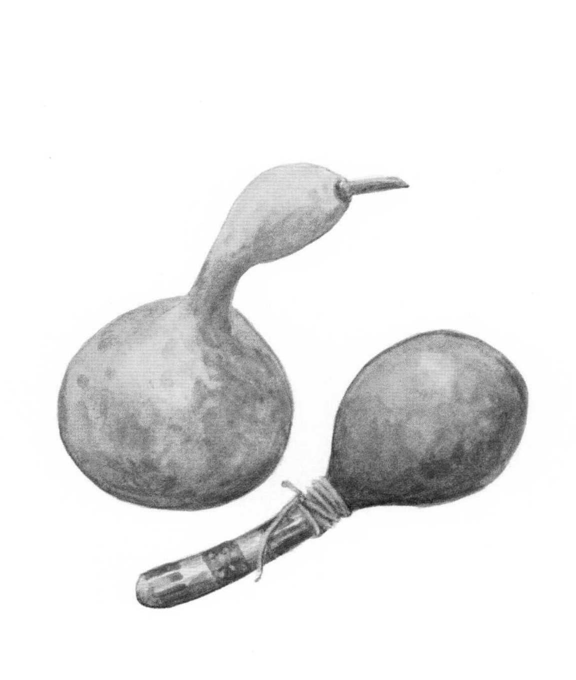

种子游戏

游戏是最好的学习方法之一。在接下来的几页中，将通过纸牌游戏来帮你记住种子的形状和名字。

怎么样？在绘画的过程中还可以锻炼你的记忆力。

在30页的表格中，你将看到一些在本书中遇到过的种子；

相反，31页的框格中，只有对应植物的名称，没有种子的图形。

复印这两页纸（如果可以的话，最好用卡片打印）。

仿照30页，在复印的31页表格中，画上对应的种子图形（请务必注意种子和对应植物名称的匹配哟）。然后，沿着切割线裁剪这两页纸，得到一副“种子纸牌”。在游戏开始前，先洗牌，然后把每张牌正面朝下随机排列。注意不要把它们叠在一起。

第一位玩家随意选取两张并掀开底牌。如果这两张牌相同，就能获得一分，可以把它们拿出放在一边；反之，若两张牌不同，则重新将其翻回，放在原处。接着，就轮到下一位玩家进行翻牌。

一个接着一个，玩家们按照同样的方式进行游戏。大家凭借着自己的记忆力记住底牌的位置，知道哪些底牌可以组成一对相同的牌。最后，积分最高的玩家获得胜利。

白玉草（狗筋麦瓶草）
Silene vulgaris
长距彗星兰
Angraecum sesquipedale
金鱼草
Antirrhinum majus
狗尾草
Setaria viridis
沙远志
Polygala arenaria
缘翅拟漆姑
Spergularia media
矢车菊
Centaurea cyanus
荇菜
Nymphoides peltata
金盏花
Calendula officinalis
爪苞彩鼠麹属
Leucochrysum
蔓柳穿鱼
Cymbalaria muralis
针垫花属
Leucospermum
星粟草
Glinus lotoides
堇雀草
Delphinium peregrinum
岩蔷薇茅膏菜
Drosera cistiflora
南欧大戟
Euphorbia peplus
欧洲野榆
Ulmus minor
野胡萝卜
Daucus carota
菊苣
Cichorium intybus
纳塔尔茅膏菜
Drosera natalensis

白玉草（狗筋麦瓶草） *Silene vulgaris*	长距彗星兰 *Angraecum sesquipedale*	金鱼草 *Antirrhinum majus*	狗尾草 *Setaria viridis*	沙远志 *Polygala arenaria*
缘翅拟漆姑 *Spergularia media*	矢车菊 *Centaurea cyanus*	荇菜 *Nymphoides peltata*	金盏花 *Calendula officinalis*	爪苞彩鼠麹属 *Leucochrysum*
蔓柳穿鱼 *Cymbalaria muralis*	针垫花属 *Leucospermum*	星粟草 *Glinus lotoides*	堇雀草 *Delphinium peregrinum*	岩蔷薇茅膏菜 *Drosera cistiflora*
南欧大戟 *Euphorbia peplus*	欧洲野榆 *Ulmus minor*	野胡萝卜 *Daucus carota*	菊苣 *Cichorium intybus*	纳塔尔茅膏菜 *Drosera natalensis*

水力传播

一些植物的种子会通过淡水或海水的推移进行传播（**水力传播**）。比如椰子（*Cocos nucifera*），它的果实虽然又大又沉，但多亏了种子周围的果实组织中的空气，使它能够漂浮在海面上。这层组织被称为中果皮，它是椰子真正的“救星”。由此，椰子能在海水中长时间漂浮，直至到达地面，在那里发芽。因其传播方式，椰子树主要沿着岛屿和沿海地区分布。

世界上最大的种子是漂浮种子——海椰子（*Lodoicea maldivica*）种子。它的果实需要6~7年的时间成熟。果实成熟时可重达22千克，直径可达50厘米。

海水仙（*Pancratium maritimum*）生长在地中海的沙滩上。它在夏天开花，花朵在夜间散发出浓郁的香味以吸引传粉昆虫的注意，尤其是飞蛾和夜间活动的蝴蝶。每一朵花都能孕育出20多粒极轻的、覆盖着深色海绵状组织的种子。这样的构造有利于种子通过海水推移传播。海水仙种子拥有如此精良的“装备”，因此它对海水毫不畏惧，能够很好地在海面上漂浮。

欧亚萍蓬草（*Nuphar lutea*）的果实能在水中漂流，大约以每小时80米的速度移动，这要归功于其类似罐子的漂浮结构。

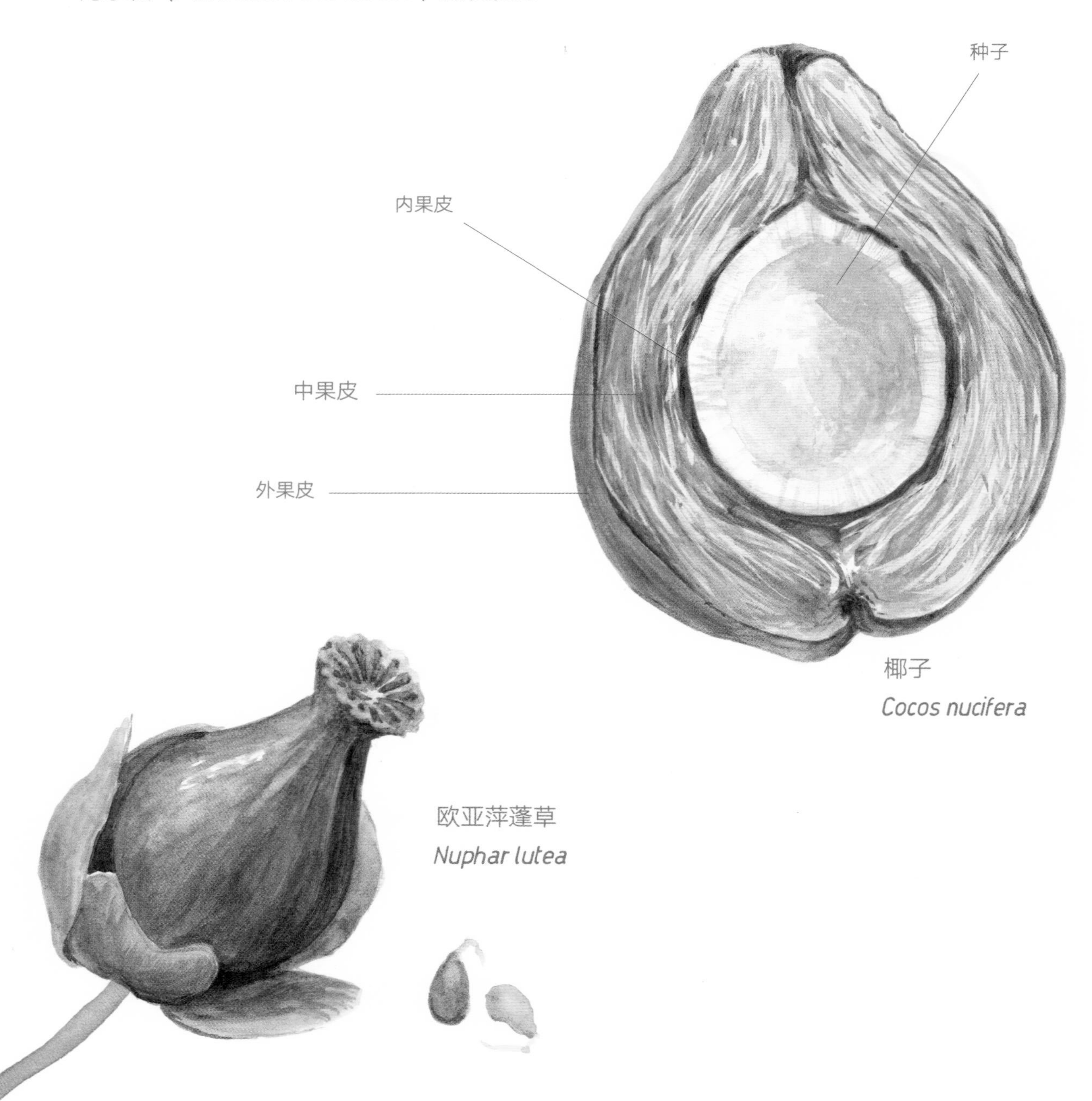

椰子
Cocos nucifera

欧亚萍蓬草
Nuphar lutea

海水仙
Pancratium maritimum
毛健夜蛾（幼虫）
Brithys crini pancratii

星粟草（*Glinus lotoides*）是一种看起来非常不起眼的植物，但是它的种子却有着特殊的形状，就像是一颗长着阑尾的黑豆。这根附属物深得蚂蚁的喜爱，能使蚂蚁帮助星粟草进行种子传播。当然，风和水也会参与其中，这就是星粟草随处可见的原因。

大约0.4毫米

星粟草
Glinus lotoides

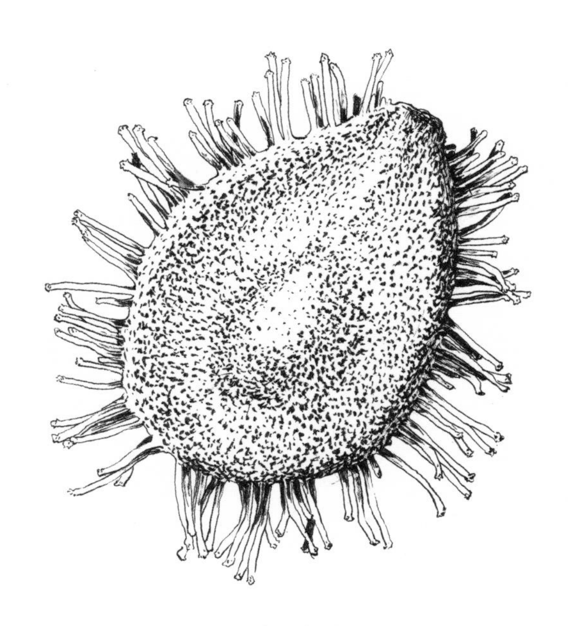

大约6毫米

动物传播

动物和植物之间的非凡友谊，在播种策略中有着很好的体现。依靠动物传播种子的方式被称为动物传播。

在生活中，许多植物都是通过这种方式进行种子传播的。

荇菜（*Nymphoides peltata*）是一种典型的淡水植物，生长在较浅且平静的湖泊、池塘。它有着足够大的圆形叶片（直径大约10厘米），可以容纳小型的两栖动物。荇菜特殊的种子呈圆盘状，边缘长有较为坚硬的茸毛。这些茸毛能帮助种子固定在黑水鸡、绿头鸭等水鸟的羽毛上。水鸟会将种子带到很远的地方，当羽毛脱落时，种子就会落入水中，并在那里发芽。

荇菜
Nymphoides peltata

野胡萝卜（*Daucus carota*）几乎随处可见，是栽培胡萝卜的野生亲戚。同许多自生草本植物一样，野胡萝卜也具有药用价值。这一点，希腊人和罗马人早已发现。

野胡萝卜的生命周期是两年。第二年会长出大量的伞状花序——由众多长有五瓣白色花瓣的小花形成的小型伞状结构。花序中间有一朵黑色小花，这是一处陷阱，目的是吸引传粉昆虫的注意。

成熟时，伞状花序会聚拢形成一个球状结构。与此同时，果实形成。果实与种子紧密相连，几乎融为一个不可分割的整体。种子的表面长有钩子，可以将自己附着在动物的皮毛或是人类的衣服上，以便其携带与传播。

出于这个原因，野胡萝卜也有一个绰号：“搭便车”的植物。

野胡萝卜
Daucus carota

2~3厘米

其实，有许多同野胡萝卜一样的“搭便车”植物，它们的种子通过带钩的果实附着在动物的皮毛或是鸟类的羽毛上，其中包括了圆盘苜蓿以及原拉拉藤（*Galium aparine*）的种子。

牛蒡（*Arctium lappa*），正是因为其附着性而被载入史册。瑞士工程师乔治·德·梅斯特拉尔在一次外出后，发现自己的衣服和狗狗的身上附着了这种植物的种子。他摘下它们，好奇地用显微镜仔细观察。

种子通过小倒钩粘附在皮毛上的方式，给了他很大的启发，他由此发明了“魔术贴”。这是一种广泛应用于服装、鞋帽、窗帘、玩具等各类纺织物上的闭合系统。魔术贴的发明取得了很大的成功，至今仍被广泛应用。这是仿生学的又一个例子。

狗尾草
Setaria viridis

大约2毫米

狗尾草（*Setaria viridis*）是另一种非常受欢迎的“搭便车”植物。它属于禾本科。这是一个重要的植物科，因为我们日常食用的谷物也属于该科。

如今种植的谷物与狩猎采集时代的谷物有着非常不同的外观，那时候的谷物没有那么茂盛，而且谷穗也非常小。

大约到了10000年前，人类不再四处采摘，而是开始种植作物。他们年复一年地从中挑选出颗粒饱满并且茎秆坚固的植株，留下种子并进行播种。这些坚固的茎秆足以支撑更大的谷穗，人们因此能获得更多的粮食。经过几千年的选择，今天种植的谷物的形状与原来的已经大不相同了。

数千年前植物种子的形状和味道是怎样的呢？考古学家帮助我们解开了困惑。2005年，两名研究人员在位于以色列的马萨达遗址发现了两千年前的海枣树种子。他们将这些种子播种，成功地使其发芽生长，并收获了第一批海枣。据说，这些海枣非常甜。

金盏花（*Calendula officinalis*）是一年生植物，原产于地中海沿岸。它也是最受欢迎的园艺花卉品种之一，因为它美丽的花朵能够吸引许多益虫，来对一些寄生虫进行驱赶（例如线虫动物，这是在土壤中发现的一种蠕虫门类）。

金盏花的种子在花冠上紧密地排列成一个圆，并在蚂蚁的帮助下，进行种子的传播。这种方式被称为**蚁媒传播**。事实上，蚂蚁是能干的、不知疲倦的种子收集者。你总会在不经意间发现蚂蚁，它们一个接着一个忙碌地搬运着自己的战利品，无论距离远近。作为回报，这类植物会在种子上附着一层含糖且营养丰富的油质体。蚂蚁会把这些油质体喂给自己的幼虫。在收集到的众多种子中，一些完整的种子会在蚁丘中等待合适的时间发芽生长。

金盏花
Calendula officinalis

1~3毫米

红腹灰雀
Pyrrhula pyrrhula

北欧花楸
Sorbus aucuparia

南非植物银木果灯草（*Ceratocaryum argenteum*），通过模仿其他物体欺骗蜣螂（*Geotrupidae*，又名屎壳郎），以帮助其进行种子传播。蜣螂以许多哺乳动物的粪便为食，并在其中产卵。它们凭借惊人的力量，将粪便滚成一个球，倒退着将其一直推到自己的巢穴中。银木果灯草的种子在外观、气味以及化学成分上与羚羊粪便极为相似（被称为“生物学拟态”）。这会给蜣螂一种错觉，让它们误把银木果灯草种子当成粪便运输，以此完美地完成种子传播和播种。

大象也是优秀的种子传播者。一些研究证明，生活在热带草原的大象可以把它们所吃水果的种子传播到45千米开外的地方。这一行为使大象成为了生物多样性的宝贵支持者和生态平衡的积极捍卫者。

绝大多数的鸟类无法抵御橙色和红色果实的诱惑。这些果实中的种子在鸟的身体中会受到强大胃液的作用，这有利于其萌发。

根据鸟类不同的饮食习惯，“造物主”（自然选择）为其配备了形状各异的喙。每粒种子都对应一种特殊的喙，每种喙也都是为了特定的种子而生的。

红交嘴雀
Loxia curvirostra

红交嘴雀（*Loxia curvirostra*）是研究动植物之间相互适应并协同进化的典型。它主要以云杉、落叶松和一些松树的种子为食。红交嘴雀长着一张独具特色的交叉喙。这不仅仅是一张喙，更是一种高精度的工具。它可以掰开松果的鳞片，取出里面的种子，然后用舌头进行仔细清理。

银木果灯草
Ceratocaryum argenteum

蜣螂（屎壳郎）
Geotrupidae

刺山柑
Capparis spinosa

与金鱼草相似，刺山柑（*Capparis spinosa*）也生长在高墙和岩石裂缝间，而这主要是受到蜥蜴和壁虎的影响。这些动物喜欢种子周围甜甜的黏液。它们吃下种子后，种子便随粪便留在了自己居住的墙壁空洞中。许多种子，如山柑的种子，可以毫发无损地通过动物的消化系统，在某些意想不到的地方生根发芽。

松鼠凭借其收集和传播种子的能力，被认为是森林再生最重要的“功臣”之一。这种啮齿动物有一个习惯：收集大量的种子，却只吃其中一小部分，其余的会被埋藏在地下或是储藏在树干中，以备冬季食物短缺之需。到了合适的时间，绝大多数被藏起来的种子，就会开始发芽，然后长出新的树木。一些松鼠还会对种子进行一番挑选：它们立刻吃掉那些受损的以及遭虫害影响的种子，而对于那些健康完整的种子，往往会选择将其掩埋。这些被“挑选”的种子会长出更强壮、更坚固的植株。除此之外，松鼠还有以破坏种子和植物的昆虫为食的习惯，也能很好地维持森林的健康。

欧亚红松鼠
Sciurus vulgaris

胡桃
Juglans regia

萌芽

长期外出前，我们会关掉家里的电、天然气和水。种子也会做类似的事情。为了能够安全地“环游世界”，在离开母株前，种子必须确保自身的所有部分都完整、成熟，并且做好在合适的时间、以正确的方式孕育后代的准备。

接近完全成熟时，大多数的种子会开始脱水，直至几乎完全失去水分。与此同时，它会最大限度地减少重要的生命活动（新陈代谢）。在脱水的状态下继续保持生命活力是种子独有的特性。这就解释了为什么西伯利亚冻土层中的蝇子草属植物的种子，在数万年的尘封后，依旧具备发芽能力。

当环境条件允许时，种子会重新激活新陈代谢作用。这时候，种子开始萌芽。种子内的一系列转化会促使新植株的形成。随着水分的吸收，胚开始生长，突破种皮，长出胚根、子叶和第一轮叶片。

在发芽期间，新植株的幼苗会消耗贮存在种子内的营养物质。但很快，它就能通过光合作用吸收光能，将二氧化碳和水转化成营养物质，实现自主供能。

种子发芽时，最先出现的是胚根和子叶，子叶是种子内部已经存在的叶片，它通常能为植物胚的发育提供营养支持，直到幼苗能够自食其力。

裸子植物（赤松、雪松、冷杉、杜松等）具有线型且几乎针状的子叶（a），其数量因物种而异。被子植物可以是单子叶植物（b），即只有一片子叶，如所有的禾本植物（玉米、大麦、小麦、燕麦、水稻等），也可以是双子叶植物（c），就像森林里的树木、果树以及豆科植物，也包括土豆、辣椒、西红柿等。

在发芽期间不同种类的植株有着不同的需求：对一个物种来说必不可少的因素，可能会对另一物种造成伤害。例如，海百合的种子在光照下不能发芽，但是金鱼草和生菜种子的发芽必须要在光照环境下进行。

如下图所示，成熟且完整的种子由以下部分组成：

- 一个包含未来植株所有组成部分的胚，这是种子中最重要的部分；
- 储备营养物质的部分，一般是胚乳（有些植物是子叶）；
- 覆盖、保护胚和储备物质的种皮，种皮可以是光滑的，也可以带有促进种子传播的小沟、翅膀和茸毛。

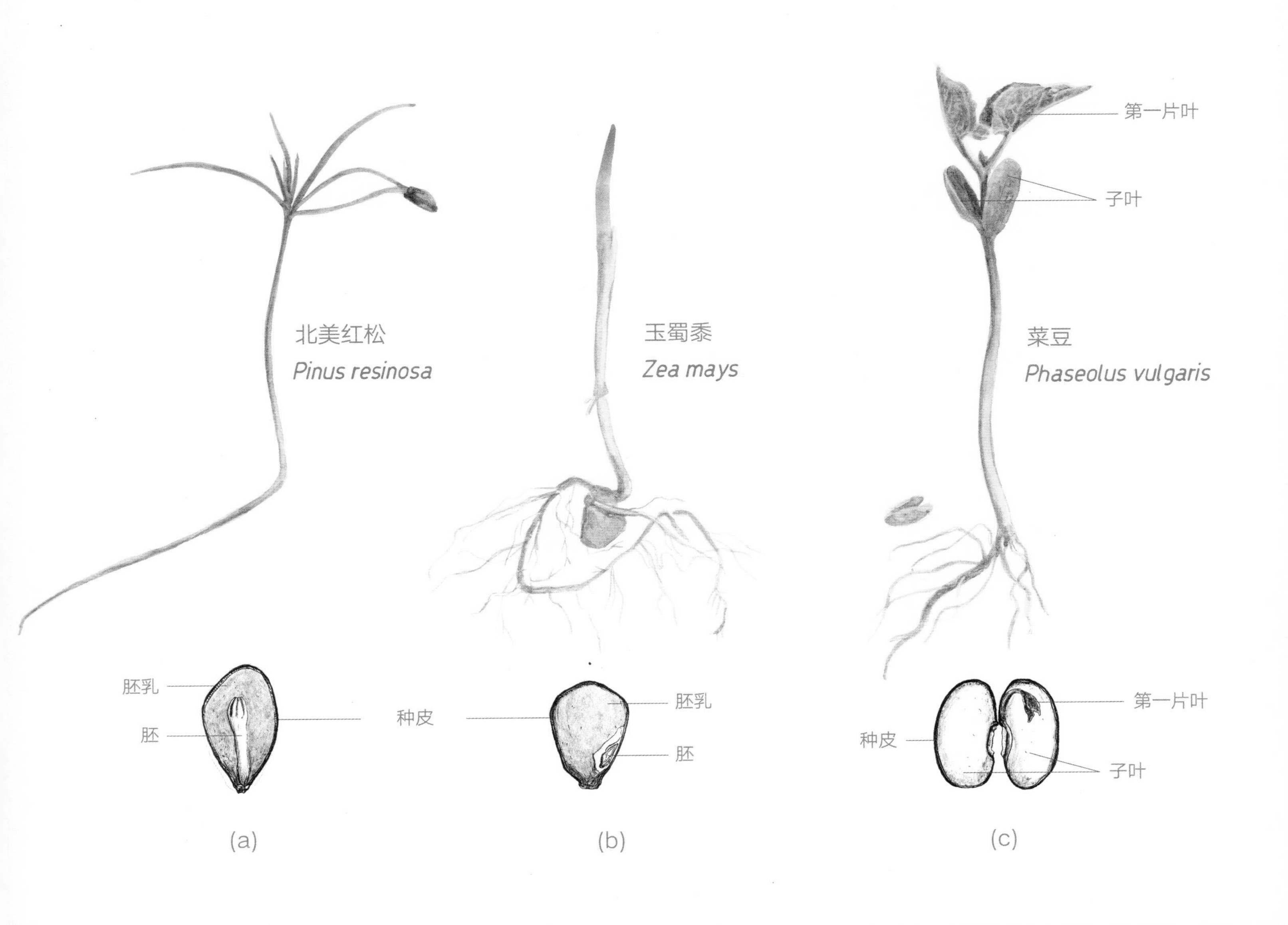

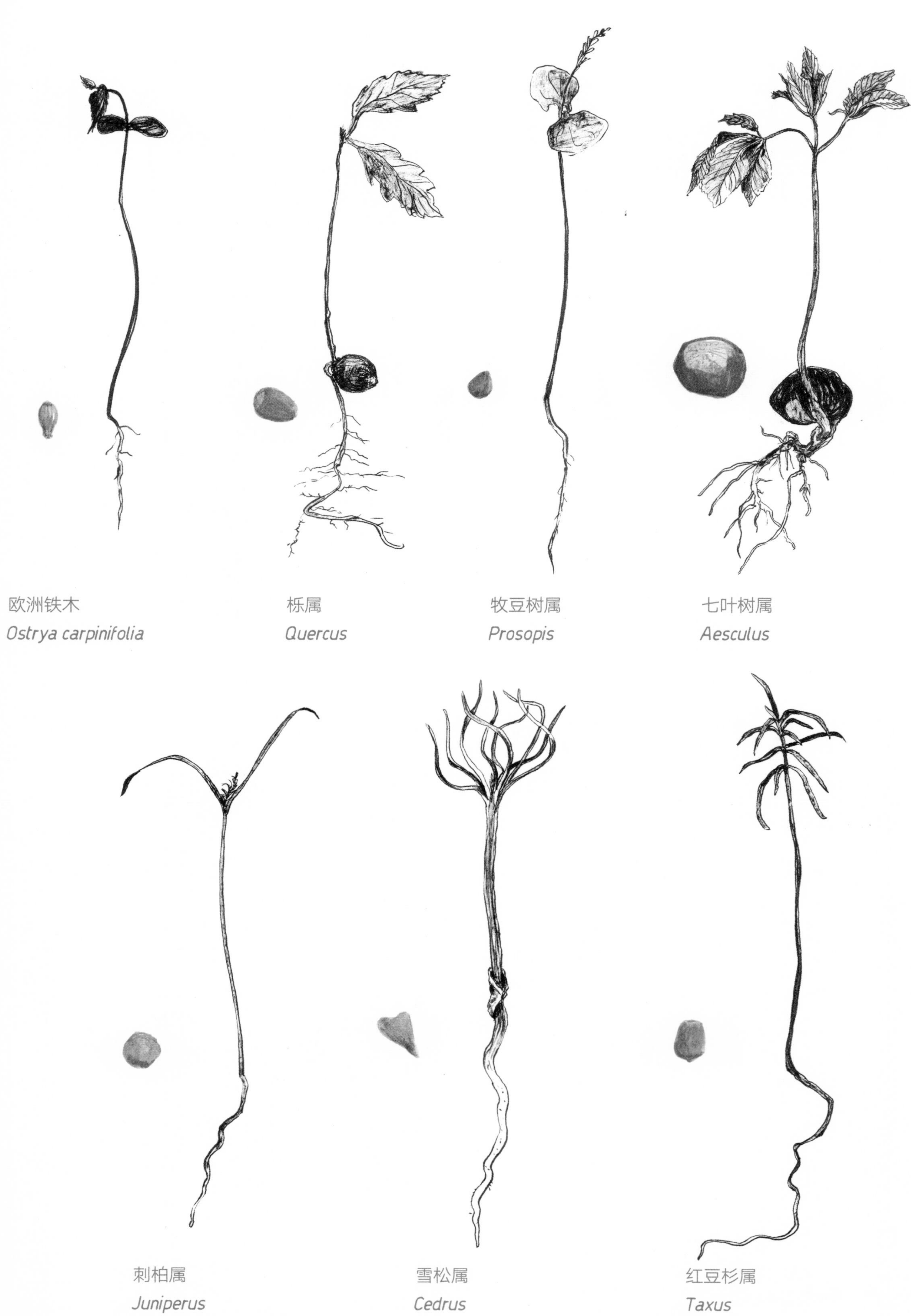
欧洲铁木
Ostrya carpinifolia
栎属
Quercus
牧豆树属
Prosopis
七叶树属
Aesculus
刺柏属
Juniperus
雪松属
Cedrus
红豆杉属
Taxus

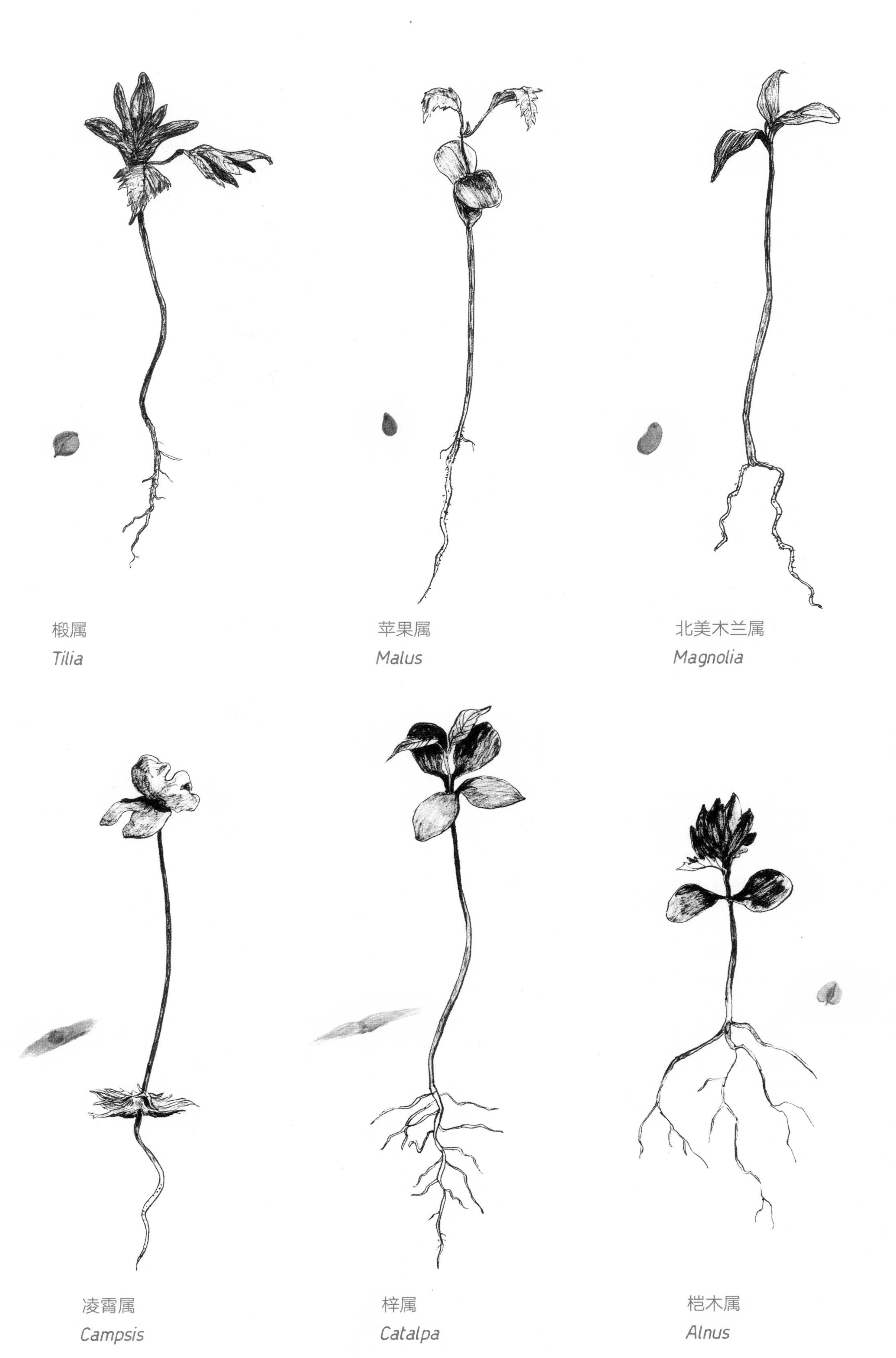
椴属
Tilia
苹果属
Malus
北美木兰属
Magnolia
凌霄属
Campsis
梓属
Catalpa
桤木属
Alnus

流苏风信子（丛毛蓝壶花）

Leopoldia comosa

种子库

对地球上的生命来说，种子是如此重要。随着时间的流逝，人们已开始创建“种子库”（种质资源库）。这些仓库大小不一，其中储存着已知植物物种的种子。其目的是保护生物物种的多样性，特别是保护粮食作物、自养植物和濒危植物免受自然灾害和战争的影响。

全球各地都建有种子库，它们之间也存在着一定的联系。世界上最大的种子库位于挪威的斯瓦尔巴群岛，那里保存着来自地球各地的数百万种不同植物的种子。

首先，为了保持活力，种子需要处于几乎完全脱水状态。然后，根据植物品种的不同，将其放入密闭容器，并放在低温环境中进行保存。通过这种方式，大部分正常性种子得以保存。对于前面我们提及的顽拗性种子，比如可可、板栗、南洋杉、鳄梨、枇杷、橡树、茶树、杧果的种子，因为含水量很高不能被长期保存，如果将其脱水又会很快失去活力。因此，对于顽拗性种子，人类必须保护它们健康生长的自然环境。

韭

Allium tuberosum

创建自己的种子库

为了创建属于自己的种子库，你需要准备：

- 储存种子的玻璃罐或小纸袋；
- 卡纸，自粘性标签（也可以用胶水和纸张代替）；
- 笔记本；
- 用于绘图的水笔、铅笔、蜡笔和水彩颜料；
- 相机；
- 用于更好观察微小细节的放大镜。

位于阴凉干燥环境中的储物柜或者盒子，甚至是冰箱中的一角，都可以成为种子库。

把种子放入玻璃罐或纸袋进行保存前，最重要的一步是将其进行脱水处理。为此，需要把它们很好地分布在容器表面，并把容器放置在干燥、凉快、通风良好的环境（切勿放在阳光下）2~4周。时间长短取决于种子的大小和环境的湿度（湿度条件的把控至关重要，因为它会引发霉菌的形成，从而导致种子变质）。为了加速种子的脱水进程，可以时不时地晃动它们，以促进空气的流通。

为了给储存的种子建立数据库，建议你在笔记本上记录对品种的鉴定和细节的描述。下面的图示，会告诉你如何为种子制作描述性卡片：

- 一种用于快速识别的缩写，可以由你名字的首字母和累计数字组成。例如，AR-9，表示由Alice Rossi（艾丽斯·罗西，首字母缩写为AR）采集的第9个样本；
- 种子所属物种的学名和通用名称；
- 收集地点和日期；
- 种子所属植物的绘图或照片；
- 植物或种子的相关信息和笔记。

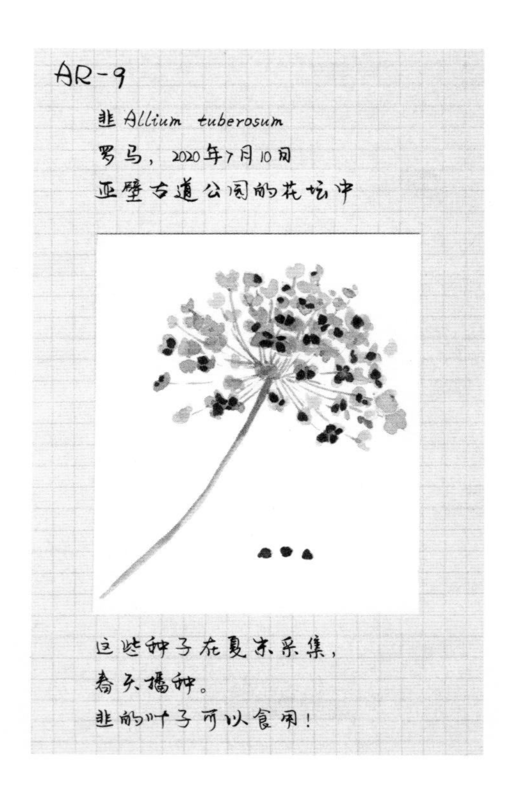

名词对照表

中文名	拉丁语名
酸浆	*Physalis alkekengi*
盘状苜宿	*Medicago disciformis*
欧洲鳞毛蕨	*Dryopteris filix-mas*
问荆	*Equisetum arvense*
欧洲赤松	*Pinus sylvestris*
黑嚏根草	*Helleborus niger*
长距彗星兰	*Angraecum sesquipedale*
预测天蛾（马岛长喙天蛾）	*Xanthopan morganii praedicta*
旅人蕉	*Ravenala madagascariensis*
黑白领狐猴	*Varecia variegata*
针垫花属	*Leucospermum*
纳马夸蹊鼠	*Aethomys namaquensis*
匍枝帝王花	*Protea humiflora*
守宫花	*Roussea simplex*
朱红蜂鸟	*Calypte anna*
陆地棉	*Gossypium hirsutum*
翅葫芦	*Alsomitra macrocarpa*
金鱼草	*Antirrhinum majus*
菊苣	*Cichorium intybus*
药用蒲公英	*Taraxacum officinale*
堇雀草	*Delphinium peregrinum*
蜂鸟鹰蛾	*Macroglossum stellatarum*
蔓柳穿鱼	*Cymbalaria muralis*
酢浆草	*Oxalis corniculata*
紫藤	*Wisteria sinensis*
喷瓜	*Ecballium elaterium*
芹叶牻牛儿苗	*Erodium cicutarium*
白玉草（狗筋麦瓶草）	*Silene vulgaris*
椰子	*Cocos nucifera*
海水仙	*Pancratium maritimum*
星粟草	*Glinus lotoides*
荇菜	*Nymphoides peltata*
野胡萝卜	*Daucus carota*
原拉拉藤	*Galium aparine*
牛蒡	*Arctium lappa*
狗尾草	*Setaria viridis*
金盏花	*Calendula officinalis*
流苏风信子（丛毛蓝壶花）	*Leopoldia comosa*
韭	*Allium tuberosum*

图书在版编目（CIP）数据

一粒种子中的世界 /（意）贝蒂·碧奥朵著 ；（意）乔亚·马尔凯嘉妮绘 ；朱诗怡译. -- 北京 ：北京教育出版社，2023.3
ISBN 978-7-5704-5060-2

Ⅰ. ①一… Ⅱ. ①贝… ②乔… ③朱… Ⅲ. ①种子－儿童读物 Ⅳ. ①Q944.59-49

中国版本图书馆CIP数据核字(2022)第227301号

北京市版权局著作权合同登记号：01-2022-6290

一粒种子中的世界
YI LI ZHONGZI ZHONG DE SHIJIE
[意] 贝蒂·碧奥朵 著　[意] 乔亚·马尔凯嘉妮 绘　朱诗怡 译
责任编辑：张浩　责任印制：肖莉敏

出　版　北京出版集团
　　　　北京教育出版社
地　址　北京北三环中路6号
邮　编　100120
网　址　www.bph.com.cn
总发行　京版北教文化传媒股份有限公司
经　销　全国各地书店
印　刷　北京盛通印刷股份有限公司
版　次　2023年3月第1版
印　次　2023年3月第1次印刷
开　本　900毫米×1310毫米　1/16
印　张　3.75
字　数　50千字
书　号　ISBN 978-7-5704-5060-2
定　价　78.00元

如有印装质量问题，由本社负责调换
质量监督电话　010-58572844　010-58572393